BIBLIOTHÈQUE DU CULTIVATEUR
PUBLIÉE
AVEC LE CONCOURS DU MINISTRE DE L'AGRICULTURE

RACES BOVINES

DE FRANCE
D'ANGLETERRE DE SUISSE ET DE HOLLANDE

PAR

LE Mis DE DAMPIERRE

SECONDE ÉDITION

PARIS
LIBRAIRIE AGRICOLE DE LA MAISON RUSTIQUE
26, RUE JACOB, 26

RACES BOVINES

DE FRANCE, D'ANGLETERRE, DE SUISSE ET DE HOLLANDE

12.

MONTEREAU. — IMPRIMERIE L. ZANOTE.

RACES
BOVINES

DE FRANCE
D'ANGLETERRE, DE SUISSE ET DE HOLLANDE

PAR

LE Mis DE DAMPIERRE

SECONDE ÉDITION

PARIS
LIBRAIRIE AGRICOLE DE LA MAISON RUSTIQUE
26, RUE JACOB, 26

1864

J'ai cédé sans peine au désir qui m'a été exprimé de donner une seconde édition du petit volume que j'ai publié en 1851 sur les races bovines. Cependant, je ne le pouvais faire sans y apporter quelques changements, dont je dirai franchement la raison.

Sept années de nouvelles études ont modifié quelques-unes de mes opinions, et il m'eût répugné de signer ce que je n'aurais pas écrit dans les mêmes termes aujourd'hui. — J'aime mieux avouer que j'apprends chaque jour quelque chose de nouveau. Ces grands mystères de la nature que nos faibles forces essayent de sonder ne se révèlent jamais à nous que peu à peu, à force de travail et d'attention, et il ne me paraît pas humiliant d'accepter les leçons de l'expérience, et de l'enseignement si frappant des faits. Notre illustre maître Mathieu de Dombasle a écrit : « *C'est dans ce genre d'études que l'on peut dire, comme le répètent quelquefois les cultivateurs, que* NUL HOMME N'EST MAITRE, *parce qu'il n'est personne qui ne trouve chaque jour à y faire de nouveaux progrès.* » La bonne foi, d'ailleurs, n'est-elle pas la première qualité que l'on doive demander à un écrivain traitant d'une science toute d'observation, qui varie ses prescriptions, suivant les climats, les sols, les habitudes, les circonstances, et où le succès dépend du discernement avec lequel on applique les méthodes et les combinaisons les meilleures?

Jamais aucune branche de l'esprit humain n'a demandé plus de travail, de bon sens et de modestie que la science agricole, aucune ne présente plus de difficultés ; car elle nous ouvre ses mille routes séduisantes sans nous en indiquer d'infaillible, et c'est du jugement de chacun, de son libre choix, que viendront la gloire ou l'insuccès, la richesse ou la ruine.

Parler avec prudence et bonne foi doit donc être la première loi de celui qui entreprend de communiquer le résultat de ses études personnelles, et il peut, à ces conditions, garantir de quelques erreurs des hommes qui ont, sans expérience agricole, la louable ambition de se faire agriculteurs, d'élever de belles races d'animaux, de vivre de la vie des champs, si injustement et si malheureusement dédaignée en France, au contraire de ce qui se passe en Angleterre. — J'éprouve pour ceux qui ressentent ces penchants une si vive et si fraternelle sympathie, que je serais, tout à la fois, bien fier si, pour ma faible part, je pouvais un peu les aider dans leurs travaux ; bien malheureux si je les entraînais dans de fausses voies.

Certes, si la vie de l'agriculteur a ses difficultés et ses périls, elle a, aussi, de vives jouissances et je ne m'étonne pas qu'elle ait charmé les esprits les plus élevés. Le grand Washington écrivait à Arthur Young : « *Plus je m'occupe d'économie rurale et plus je m'attache à ce genre d'occupation : je ne me trouve jamais plus heureux que quand je fais de l'agriculture : ce travail innocent et utile me donne un extrême plaisir. Je sens tous les jours combien, pour une âme dont les penchants sont droits, la tâche de cultiver la terre et de multiplier ses produits, est plus douce que la vaine gloire de la ravager.* »

De nos jours, Dieu merci, des hommes éminents parlent encore avec amour de la vie des champs, et il est à croire que leurs succès agricoles incontestables et les témoignages irrécusables de leur loyauté feront quelques conquêtes aux idées qu'ils préconisent, le *faire valoir* direct du propriétaire, par exemple. Nous voyons heureusement s'effacer ce préjugé absurde qui voulait qu'on fît fausse route aussitôt qu'on s'éloignait de la routine, qu'on appelait à son aide l'instruction agricole, les découvertes modernes de la science, et des capitaux suffisants. Qu'on fasse encore un pas et qu'on veuille bien se persuader que tout en se livrant aux travaux de la culture on peut ne rien perdre de ses autres mérites, rester un homme du monde accompli, un savant, ou un artiste. Je n'en veux pour preuve que l'exemple de ces grands seigneurs anglais dont la première occupation est l'amélioration de leurs immenses domaines, et qui, tout en y passant une grande partie de leur temps, exercent une influence considérable sur les affaires de leur pays et mènent une existence qui reflète une grandeur que nous ne connaissons plus.

Si on y réfléchissait bien! Tout élève l'âme, fortifie la raison, développe le jugement et l'intelligence dans l'étude des grands phénomènes de la nature, et l'esprit y devient robuste comme le corps. — N'y a-t-il pas de la poésie dans ces prés vigoureux, dans ces riches moissons, venus sur des terres autrefois stériles? L'indépendance, la liberté des champs n'ajoutent-elles pas quelque chose à la dignité de la vie? Des fatigues même un peu rudes excluent-elles les jouissances de l'esprit? Les arts ne trouvent-ils pas des inspirations au milieu de nos campagnes? La culture des lettres ne peut-elle s'allier à la surveillance des travaux agricoles? Cette vie calme, régulière, enfin, n'est-elle pas celle qui permet seule de goûter les joies pures de la vie de famille?

Je plains ceux qui ne sentent pas tout cela, et mon modeste livre n'est pas fait pour eux.

E. DE DAMPIERRE.

DES PRINCIPALES

RACES BOVINES

DE FRANCE, D'ANGLETERRE, DE SUISSE ET DE HOLLANDE

CHAPITRE PREMIER

DES DIVERS EMPLOIS DE LA RACE BOVINE

Emploi judicieux des races bovines. — Spécialisation des services. — Avantages du changement fréquent de bétail pour le petit cultivateur. — Croisements des races françaises avec les races étrangères. — Avantages et inconvénients de diverses races. — Conditions désirables dans une race.

La France possède des races bovines excellentes et d'aptitudes fort diverses; mais l'emploi judicieux qu'elles doivent recevoir n'a jamais été déterminé avec cette fermeté, cette précision d'intention, qui caractérisent l'éleveur anglais et qui l'ont amené à créer des races d'une si grande perfection. Nous avons des matériaux de premier ordre; mais nous les employons sans réflexion et sans calcul, voilà le secret de notre infériorité en fait d'éducation du bétail.

Tout agriculteur a la bonne intention d'*améliorer* ses animaux; mais si on lui demande quel sera le but de son amélioration, il demeurera tout interdit de la question. — Il veut avoir *de plus beau bétail, de meilleur bétail*, ne le sortez pas de là, — et, cependant, le bœuf de boucherie diffère essentiellement du bœuf de travail; et les moyens à employer pour créer ces deux bœufs sont fort dissemblables. Les types sont parfaitement différents, chacun d'eux a ses qualités propres et très-opposées : ce qui constitue un avantage pour l'un est un défaut pour l'autre, et tout animal à plusieurs fins n'atteindra jamais le dernier degré de perfection de l'une, pour si peu qu'il remplisse l'autre.

Il ressort bien évidemment de là que le plus simple bon sens indique qu'avant de faire un seul pas dans la carrière épineuse de l'amélioration du bétail il faut se rendre bien compte du but auquel on veut marcher.

Veut-on faire du lait? veut-on faire de la viande? veut-on faire des animaux de travail? — C'est là ce que l'on a baptisé du nom un peu barbare de *spécialisation des services*. Ce principe, certainement excellent, adopté par les Anglais, et qui a illustré les noms de Bakewell et des Colling dans le siècle dernier, n'est applicable, cependant, en fait de races bovines, que dans la grande culture; car elle suppose des animaux distincts pour chaque service. Dans la grande culture, même, et pour les pays où on laboure avec des bœufs, la voie à suivre n'est pas la même pour tous; tout dépend des situations. — Si on veut faire de la viande, oh! alors, pas d'hésitation; il faut s'adresser aux races reconnues pour porter au plus haut degré la disposition à l'engraissement et à la précocité. — Ni le pelage, ni le changement de race, ni le croisement avec des races étrangères ne doivent être un obstacle. — Ces inconvénients notables disparaissent devant l'immense avantage d'une race plus précoce. — Le Durham, le Durham, voilà le vrai type améliorateur.

Mais, si on veut des bœufs de travail, c'est différent. — Le principe absolu, c'est de prendre les races les plus rapides à la marche, les plus capables de supporter sans fatigue les durs travaux de l'agriculture; on obtiendra ainsi une somme de travail beaucoup plus considérable; mais, prenez garde : la fin de tout bœuf étant la boucherie, le jour où vous vendrez vos bœufs, l'économie que vous aurez réalisée en employant une race robuste au travail mais réfractaire à l'engraissement sera sensiblement diminuée, soit par la moins-value de ces bœufs, soit par le surcroît de nourriture qu'aura exigé leur mise en état de vente : s'il y a avantage d'un côté, il y aura perte infaillible de l'autre. C'est un calcul à faire, et en aucun cas il ne donnera raison, je crois, au principe absolu. Mais ce que j'ose affirmer, ce qu'il faut bien dire nettement, c'est que, en France, la moyenne et la petite culture ne peuvent avoir d'une manière distincte leurs animaux de travail et leurs animaux de rente; dès lors on comprend que les seuls animaux qu'elle possède doivent participer des qualités qui font le bœuf de travail et de celles qui font le bœuf de boucherie, c'est-à-dire des bœufs bons marcheurs, mais ayant un certain degré de finesse. — On n'atteindra pas ainsi la perfection absolue, d'accord; mais si on veut bien remarquer que la petite culture, surtout, possède, en général, plus d'animaux que n'en peuvent employer les terres dont elle dispose, on comprendra que la seule voie à suivre est celle qui communiquera à son bétail de plus hautes dispositions à l'engraissement et à la précocité, tout en lui conservant des qualités suffisantes pour la culture restreinte qu'il a à faire.

Le changement fréquent de bétail ne constitue pas en perte le petit cultivateur, dont la fonction est de préparer des bœufs *faits* pour la grande culture, qui n'en peut employer économiquement d'autres. Un petit cultivateur possède deux, trois, cinq hectares de terre, il achète de jeunes veaux, de petits bœufs qui suffisent à faire son ouvrage; ceux-ci augmentent de poids et d'âge, par conséquent de valeur, entre ses mains; il les vend toujours à bénéfice lorsqu'ils arrivent à être d'une force très-supérieure au travail qu'il a à leur faire exécuter; et, quand il compte, voici ce qu'il trouve : ses travaux ne lui coûtent que le prix de la nourriture de ses animaux, et la différence entre le prix d'achat et le prix de vente des animaux est pour lui un bénéfice net; c'est la juste rémunération de la peine qu'il a prise à les dresser pour un acheteur qui a été ainsi dispensé de consacrer du temps à cette besogne et qui en exigera un travail de plus en plus sérieux.

L'application rigoureuse du principe de la spécialisation des services dans la grande culture moderne emporterait nécessairement l'emploi exclusif des chevaux au travail des champs; mais l'emploi des bœufs est plus économique, comme je le prouverai plus tard: il faut donc ne pas être absolu et rester dans des limites qu'une sage pratique ne doit pas dépasser.

Pénétrons-nous de l'excellence de ce principe, qui consiste à façonner chaque race selon le but qu'elle doit atteindre. Dans ces termes, il n'a rien de périlleux, il est profondément vrai. Sachons bien où nous voulons aller et dirigeons en conséquence le choix de nos races, leur amélioration par elles-mêmes, *in and in*, comme disent les Anglais; ou leur croisement avec d'autres races.

J'ai souvent déploré le succès des idées absolues en France et l'inintelligence avec laquelle on compromet la découverte la plus précieuse en l'appliquant à tort et à travers. C'est ainsi que, dans les croisements de nos races bovines, on a dédaigné nos précieux types français; on s'est engoué tantôt d'une race étrangère, tantôt d'une autre, et, après avoir importé les races suisses de Fribourg et de Schwitz indistinctement dans toutes les parties de la France, on s'en est dégoûté, on les a déclarées mauvaises, pour s'éprendre d'une passion bien autrement vive pour la race anglaise de Durham, que l'on proclame bonne pour tous les usages, capable de satisfaire les exigences si diverses et si contradictoires de l'élevage des bestiaux sur tous les points de notre territoire.

De même que l'on a cru à tort que les races suisses, races à lait et races de travail avant tout, devaient améliorer les races oisives et élevées seulement pour la boucherie; — de même on croit à tort, maintenant, que la race de Durham, race de boucherie, aux os minces et aux développements charnus et graisseux, si prodigieux qu'ils l'embarrassent dans sa marche, doit améliorer nos races de travail.

Il y a de l'injustice à exiger d'une race qu'elle agisse par son croisement dans des sens absolument contradictoires.

J'ai la race de Durham en haute estime et je la crois capable de faire beaucoup de bien; mais je compte démontrer que, si son emploi judicieux peut et doit rendre de grands services, l'on est dans une erreur dangereuse en voulant l'employer indistinctement partout, et en ne gardant pas pures de tout mélange quelques-unes de nos remarquables races françaises, si faciles à perfectionner par l'emploi exclusif de bons reproducteurs mâles indigènes.

La race de Durham convient parfaitement aux pays qui élèvent exclusivement pour la boucherie, qui laissent leurs bœufs inoccupés, et ont un grand avantage à pousser à la précocité pour diminuer le prix de revient des bœufs, en abrégeant le temps pendant lequel il faut les nourrir; aux pays qui doivent rechercher la diminution des os, au profit du développement des parties charnues qui seules comptent à la boucherie; car les os, d'ailleurs, pendant la vie de l'animal, absorbent inutilement, et au détriment des parties qui ont plus de valeur, une portion de la nourriture consommée.

Les races que l'on élève avant tout pour le travail, dont les animaux doivent rendre des services dès l'âge de dix-huit mois, qui font tous les labours, tous les transports, obtenus si chèrement des chevaux en Normandie, pendant que les bœufs restent inactifs au pâturage; les races dont la charpente osseuse doit être forte et régulière; car, on le sait, l'action musculaire est la première condition exigée des animaux de travail, et les muscles agissent avec plus de force chez les animaux qui ont les éminences osseuses les plus prononcées, ne doivent s'améliorer que par elles-mêmes.

Plusieurs de nos races françaises satisfont parfaitement aux conditions de climat, de nourriture et de travail auxquelles elles sont soumises. Elles sont à la fois homogènes, régulières, sobres, fortes et courageuses au travail; leur lait est suffisamment abondant; leur chair est bonne pour la boucherie; ce sont là des avantages qu'il faut se garder de dédaigner pour poursuivre un idéal souvent impossible à atteindre.

S'il était possible de rencontrer une race qui réunît la sobriété à l'aptitude au travail, à la précocité pour la boucherie et à la production abondante du lait, ah! certes, cette race serait propre à tous les pays. Il faudrait la propager partout, dans les montagnes comme dans les plaines, dans les pays riches comme dans les pays pauvres. Mais une telle merveille n'a pas encore été créée, et si deux des qualités que nous indiquons se trouvent réunies à un degré éminent dans une race, on doit être moins exigeant pour la troisième qualité et se trouver bien partagé.

Les races françaises, et celles au moyen desquelles on peut les améliorer, ne sont malheureusement connues que d'un très-petit nombre de personnes. Avec la louable intention d'améliorer, de perfectionner, on marche généralement en aveugle. Sur des ouï-dire, on se laisse entraîner à des essais coûteux qui ne réussissent pas, et le découragement est la conséquence naturelle de l'insuccès.

J'ai pensé qu'il pouvait être utile pour les éleveurs de mettre sous leurs yeux une description de nos principales races françaises et des races étrangères introduites en France. Ils jugeront ainsi par eux-mêmes, par le rapprochement des habitudes et des aptitudes de chacune de ces races, si elles conviennent dans les conditions économiques et climatériques de telle ou telle contrée. — Mais auparavant, je m'expliquerai sur l'importance de la race bovine appliquée au travail, importance que l'on semble trop méconnaître.

Personne ne conteste l'utilité de nos races bovines au point de vue de la production du lait et de celle de la viande, aussi bien que de la fabrication des engrais nécessaires à l'agriculture ; il y aurait peu de choses à dire sur ce sujet, si la question si importante de la boucherie ne méritait qu'on s'y arrêtât un instant ; mais j'ai souvent entendu affirmer qu'une bonne agriculture devait remplacer le travail des bœufs par celui des chevaux, et cette théorie m'a semblé si pleine de dangers, appuyée sur des faits si erronés, que je devais la repousser et traiter cette question avec quelque développement, avant d'entrer dans la description des principales races bovines qui peuvent intéresser l'agriculture française. Je ne m'éloignerai pas, d'ailleurs, de mon cadre, en cherchant à maintenir toute leur importance aux diverses espèces élevées principalement en vue du travail.

CHAPITRE II

DU TRAVAIL COMPARÉ DU BŒUF ET DU CHEVAL

Application du cheval à la culture. — Force comparative du cheval et du bœuf. — Avantages du travail du bœuf sur le travail du cheval. — Du meilleur mode d'attelage des bœufs, joug, demi-joug, collier. — Dépense comparée de la nourriture des bœufs et des chevaux. — Différence du capital engagé dans l'achat des bœufs et des chevaux. — Comparaison des mœurs des bouviers et des charretiers. — Conclusion.

L'application du cheval à la culture est d'invention moderne et a pénétré insensiblement dans les habitudes des peuples du Nord, dont les races sont plus appropriées à cet usage que les races du Midi.

En France, les provinces qui produisent de gros chevaux les ont appliqués à la culture; celles qui produisent des chevaux légers ont conservé les races bovines. Au résumé, cependant, dans la plus grande partie de la France, le travail est encore exécuté par les bœufs, et je crois qu'il est aisé de démontrer l'avantage considérable qu'offre ce mode de culture. Il est si bien ancré dans les mœurs, d'ailleurs, que la science économique, lui apportant la preuve de son insuffisance, ne parviendrait pas à le détruire et qu'elle n'arriverait tout au plus qu'à l'altérer dans son unité et à diminuer ainsi sa fécondité et les proportions de ses avantages.

Mais quelle peut être la supériorité du travail du cheval sur celui du bœuf? C'est ce que nous allons voir.

Comparons d'abord leurs forces. Dans les races de chevaux de trait, l'effort ne s'éloigne pas du poids de l'animal lui-même. Christian l'a fixé à 360 kilog.; Tredgold, à 400 kilog. avec des chevaux moyens; mais ce n'est là, bien entendu, qu'un effort qui ne peut durer qu'un instant, et qui ne mesure pas la force de traction d'un cheval avec continuité, sans fatigue extraordinaire, et telle qu'elle se dépense dans un travail journalier, exécuté à l'allure du pas. Cette dernière traction doit être réglée de 50 à 100 kilog., suivant la force du cheval, la nature du travail et sa durée. Les expériences faites à cet égard, dans des conditions différentes, me font apprécier que, pour un cheval de labour, l'effort peut aller à 100 kilog.; mais l'allure de ce cheval se ralentit alors presque à la moitié de ce qu'est celle d'un cheval traînant une charrette sur une route avec un effort de 50 kilog.

M. de Gasparin dit que « deux chevaux de charrue, d'un poids moyen de 320 kilog., et qu'il a vus travailler en automne, ouvraient, par journée de 10 heures, 16,495 mètres de sillons : ils marchaient à une vitesse de 0^{m},46 par seconde, et produisaient un effort de 98 kilog. »

Il en est du bœuf comme du cheval : sa force musculaire est supposée être égale à son poids; mais l'effort considérable que cette appréciation indique ne peut durer qu'un instant et ne donne pas la mesure de la force de l'animal dans un travail constant, régulier, et qu'on peut prolonger sans abuser de l'animal. Je crois, cependant, que l'effort continu que peut faire un bœuf, comparé à sa force musculaire et statique, est supérieur à celui du cheval, et j'explique ce fait par la différence du caractère de ces deux animaux.

Le bœuf travaille d'une manière constamment égale; la résistance ne rebute pas ses efforts, sa patience est à toute épreuve : si l'effort devient plus considérable, il ralentit sa marche sans impatience, sans découragement. Le cheval, au contraire, a une vivacité qui le rend capable d'un vigoureux coup de collier; mais aussi une résistance continue et considérable l'irrite, l'épuise, et finit par le rebuter.

M. de Gasparin s'exprime ainsi :

« Soit pour résister à un effort qui l'entraîne, soit pour vaincre une résistance qui lui est opposée, le caractère individuel de l'animal et celui de sa race et de son espèce doivent être pris en considération.

« Le bœuf a de très-grandes qualités comme animal de trait; d'abord il travaille d'une manière égale, continue, et est susceptible de prolonger ses efforts autant que dure la résistance; mais, arrivé à ce maximum, on n'en obtiendrait pas, comme on l'obtient du cheval, cet effort suprême provenant d'un déploiement instantané et rapide de la force musculaire qui, imprimant une grande vitesse à la masse, produit une force vive qui surmonte l'obstacle; mais aussi, après ces déploiements excessifs d'énergie, le cheval s'arrête, se rebute, refuse de les renouveler, s'il n'a pas obtenu la victoire du premier coup ou s'il faut les répéter trop souvent. Le bœuf peut continuer pendant un temps presque indéfini les labours les plus fatigants et retenir dans leur chute les corps auxquels il est attelé. »

On peut donc admettre que si, pour un cheval du poids moyen de 320 kilog., l'effort peut être de 100 kilog., pour un bœuf de 450 à 500 kilog., il peut aller de 200 à 220 kilog. De là, ce me semble, la constatation évidente de la supériorité du bœuf sur le cheval pour tous les ouvrages qui exigent un fort tirage et un effort constant. Je cite encore M. de Gasparin : « La lenteur même du bœuf, dit l'illustre savant, combinée avec sa force, le rend éminemment propre aux travaux durs et pénibles qui exigent une résistance constante et uniforme. Tels sont les labourages dans les terrains durcis, ou les labours profonds, les charrois sur des pentes escarpées. Le cheval impatient s'y épuiserait en efforts pour surmonter un obstacle qui renaîtrait sans cesse; les bœufs y emploient une force constante qui surmonte peu à peu les difficultés... On peut obtenir du bœuf une somme de travail mécanique égale à celle du cheval de même taille. Il laboure une surface beaucoup moindre; mais il soulève un cube de terre aussi grand. »

On objecte contre le travail des bœufs, que leur marche est difficile dans les terrains glaiseux, pierreux, et sur la terre fortement gelée. Bien qu'il soit certain que le pied du cheval soit, pour ces circonstances, mieux conformé que celui du bœuf, la ferrure remédie en grande partie à ces inconvénients. On a calculé, en Allemagne, qu'en raison des diverses circonstances que je viens de signaler, les bœufs ne faisaient que 250 journées de travail pendant que les chevaux en faisaient 300. En Suisse la proportion est de 220 à 260; mais dans un très-grand nombre de pays, dans le Midi spécialement, le bœuf fournit autant de journées de travail que le cheval, et l'on sait que précisément dans ces pays les races de chevaux sont légères, impropres à tirer de forts poids, et qu'on ne saurait, sans des dépenses extraordinaires, y entretenir les grosses races de chevaux de trait du nord de la France, tandis que les fortes races bovines y prospèrent merveilleusement. Et c'est là un bienfait de la Providence, attentive à nos besoins, car on ne saurait se passer d'un puissant moteur pour les profonds labours des plaines de la Garonne et du Tarn, par exemple.

Il m'est précieux de pouvoir fortifier mon opinion sur cette question de celle d'un agriculteur habile et qui sait calculer. M. de Béhague, membre de la Société centrale d'Agriculture, a publié récemment une note toute en faveur du travail des bœufs, et ce n'est pas dans le Midi qu'il cultive : son exploitation de Dampierre est située dans le Loiret, et c'est là qu'après avoir pratiqué le système que j'ai moi-même adopté depuis dix ans dans mon exploitation de Plassac, en Saintonge, l'emploi parallèle des bœufs et des chevaux, il a pu, au moyen d'une comptabilité irréprochable, démontrer que si le bœuf n'est pas préférable au cheval pour certains emplois, son travail est toujours plus économique ; je cite une partie de sa note :

« Notre pensée n'est pas de demander que partout le cheval soit remplacé par le bœuf, mais d'amener les agriculteurs des pays où le bœuf n'est pas employé aux travaux des champs à calculer s'ils n'auraient pas avantage à placer sur leurs exploitations ces deux sortes d'attelages. Déjà, dans les fermes où la culture des racines a pris une certaine étendue, on emploie des bœufs avec avantage : près de Paris, M. de Cauville, à Petit-Bourg; M. Pluchet, à Trappes; M. Hette, à Bresles, ont des attelages de bœufs.

« Si nous établissons par des chiffres la dépense du travail des bœufs au labour comparée à la dépense des chevaux, nous trouvons que l'avantage reste au travail exécuté par les bœufs. Nous allons citer les chiffres que nous donne notre comptabilité.

« Un cheval de ferme de 4 ans coûte, d'acquisition, 400 à 600 francs, prix moyen 500 francs; l'amortissement du prix de ce cheval de 500 francs représente, pour 10 ans, 50 francs par an, et l'intérêt à 5 pour 100 de ces 500 francs 25 francs; ensemble, 75 francs.

« La ration journalière d'un cheval de charrue, fournissant, en moyenne, 10 heures de travail ou 3,000 heures pour l'année,

est de 14 litres d'avoine, à 9 francs l'hectolitre.	1 fr. 26
— de 10 kil. de foin, à 50 francs les 1,000 kil.	50
— de 1 kil. de son, à 12 francs les 100 kil.	12
Total.	1 fr. 88

ou, pour les 365 jours de l'année, 686 fr. 20 c., auxquels il faut joindre, pour ferrage, 18 francs; entretien du harnachement, 30 francs; amortissement et intérêts du prix d'achat de ce cheval, comme nous l'avons établi ci-dessus, 75 francs, qui donnent, avec les 686 fr. 20 c. de nourriture, la somme totale de 809 fr. 20 c., et, pour les deux chevaux composant l'attelage d'une charrue, donnant 3,000 heures de travail, 1,618 fr. 40 c., ou 53 centimes 946 l'heure.

« Une bonne paire de bœufs limousins, de l'âge de 4 ans, coûte de 750 à 850 francs; disons 800 francs. Comme le bœuf ne perd rien de son capital, nous n'aurons que l'intérêt du prix d'achat à ajouter à son entretien journalier; nous portons de même à 5 pour 100, soit à 40 francs, l'intérêt du prix d'achat de 800 francs.

« La ration d'été d'un bœuf est de 60 kil. de vert, représentant 15 kil. de foin, à 50 fr. les 1,000 kil. ou 75 cent., et, pour la paire, 1 franc 50 c.

« La ration d'hiver se compose de 20 kil. de racines, à

15 francs les 1,000 kil., ci.	30 cent.
Foin, 5 kil. à 50 francs les 1,000 kil.	25
Paille, 4 kil., à 25 francs les 1,000 kil.	10
Total.	65 cent.

« Et, pour la paire, 1 fr. 30 c.

« Ce qui constitue une moyenne par jour, pour la nourriture des deux bœufs, de 1 fr. 40 c., et, pour l'année de 365 jours, 511 francs, auxquels il faut ajouter les 40 francs pour l'intérêt du prix d'achat et 16 francs pour l'entretien du joug, etc., somme totale 567 francs, et, pour les quatre bœufs formant l'attelage de la charrue marchant 10 heures par jour, 1,134 francs ou 37 cent. 0,80 par heure; l'heure de la charrue attelée de *deux chevaux* coûte donc 53 cent. 946 l'heure, et celle employant *quatre bœufs* se relayant, 37 cent. 0,80 ; l'économie ressortant de l'emploi d'une charrue de *deux chevaux*, comparé à celui d'une charrue employant *quatre bœufs* se relayant et fournissant chacun 10 heures de travail, est donc de 16 cent. 146 par heure, et, pour l'année, de 484 francs 38 c. Bien que, dans la pratique, il soit reconnu que deux bœufs donnent plus de travail en 5 heures qu'un cheval en 10 heures, nous avons pris cette comparaison d'un à deux pour rendre plus sensible notre calcul. A Grignon, par exemple, on compte 3 chevaux pour 4 bœufs.

« Dans notre pratique, nous avons reconnu qu'il y avait grand avantage à toujours avoir des bœufs frais et en bon état de chair, et que 5 heures de bon travail étaient tout ce qu'il est nécessaire de tirer d'un bœuf pour couvrir largement sa dépense; qu'à ce travail son capital augmente; qu'il se fortifie, et que l'engraissement, quand l'âge est venu, est plus économique et plus facile ; ce qui ne nous empêche pas, quand la besogne presse, comme les moissons, les foins et quelquefois les semences, de leur demander, soit 9 heures, soit même 10 heures d'un jour l'un, et ainsi d'augmenter les attelages d'un quart ou d'un tiers, ce qui ne peut se faire avec des chevaux, dont le nombre attelé est toujours le même : une heure ou deux est tout ce que l'on peut espérer en poussant le travail à l'extrême. »

Une vive polémique a été engagée en 1858 dans le *Journal d'agriculture pratique*, au sujet du travail des bœufs, par l'honorable M. Jamet, le vigoureux champion de la *spécialisation* des services, et il a soutenu cette polémique avec la verve qui lui attire souvent d'énergiques contradicteurs. M. Jamet n'admet pas comme M. de Béhague qu'il puisse y avoir jamais avantage à ne pas forcer ses bœufs au travail et à les garder en bon état de chair; il veut obtenir toujours le maximum de rendement de travail, et il a cité des exemples qui ont paru fabuleux de ce que peuvent faire des bœufs d'une aptitude parfaite au service qu'on en exige. En supposant que M. Jamet ait raison, on sera d'autant plus frappé de l'économie du travail des bœufs, constatée à Dampierre par M. de Béhague; car les bœufs cités par M. Jamet font le double du travail imposé à ceux de Dampierre. Quatre bœufs relayés deux par deux à une charrue avaient labouré, en 10 heures, sous les yeux de M. Jamet, à la Sabrardière, 1 hectare sur second labour; 75 ares sur éteules de blé, et 70 ares sur trèfle. — On n'obtient pas mieux des meilleurs chevaux de labour. — Mais un laboureur de beaucoup d'esprit a répondu qu'il ne niait point la supériorité d'aptitude au travail des bœufs nantais de M. Jamet, mais que, lorsqu'il n'aurait pas de travaux à leur donner, ils mangeraient beaucoup en pure perte, deviendraient malades, etc.; qu'au contraire, ses bœufs, moins exclusivement marcheurs, ne perdaient pas leur temps à l'étable; que l'hiver il parviendrait quelquefois à les engraisser, ou à peu près; qu'avec le prix de leur vente il achèterait, au printemps, deux bœufs maigres, et que son opération complexe, qui demandait tour à tour du travail et de la viande aux mêmes bœufs, était d'autant meilleure qu'on les avait choisis également propres au travail et à l'engraissement; qu'on ne pouvait pas nier, quelque partisan que l'on fût de la spécialisation, que le plus grand mérite des bœufs ou vaches jusqu'ici n'eût été de n'être précisément ni tout à fait des bêtes de rente, ni tout à fait des bêtes de trait, mais des bêtes à deux fins, à l'usage des cultivateurs auxquels la médiocre étendue de leurs terres, ou quelque autre circonstance ne permet pas d'occuper économiquement d'autres attelages. — Il ajoutait : « Les bœufs exclusivement propres au travail existent depuis longtemps, et ce sont les chevaux. M. Villeroy écrivait un jour qu'il ne concevait pas l'avantage que pourraient avoir sur des chevaux des bœufs qui ne seraient bons qu'à travailler, et, en vérité, présentement surtout que l'on nous enseigne que les chevaux sont excellents à manger, vos bœufs ne pourraient avoir d'autre avantage que d'être plus économiques. Voyons cela, etc. »

Il y a certainement là beaucoup de vérités bonnes à retenir. — Mais poursuivons et examinons tous les côtés de cette question.

Le mode d'attelage des bœufs a une influence considérable sur le développement de leurs forces, et cependant on suit aveuglément dans chaque contrée l'usage qui lui a été légué par la routine. Dans le Nord, c'est le collier; dans le Midi, le double joug; en Allemagne, c'est le joug simple ou demi-joug, qui a été préconisé par plusieurs cultivateurs dans le centre et dans le nord de la France. Quel est de tous ces attelages le meilleur? M. Eug. Gayot a fait des expériences très-dignes d'attention qui lui font donner une préférence très-grande au demi-joug. Il est évident que l'animal conserve ainsi une liberté de mouvements qui est très-favorable au développement de sa force, et il est malheureux que l'emploi du demi-joug soit à peu près incompatible avec l'emploi des charrettes à deux roues, beaucoup plus commodes, supérieures, même, sous tous les rapports, dans les mauvais chemins, aux charrettes à quatre roues.

Le demi-joug, placé sur la nuque et lié avec soin sur le front du bœuf, à l'aide de courroies croisées comme pour le joug double, est de tous points préférable au collier, car la force du bœuf est plus dans la tête que dans les épaules; mais je crois que, malgré beaucoup d'inconvénients et la gêne douloureuse qu'il impose aux animaux, le double joug est, dans l'état actuel des choses, le mode d'attelage qu'il est préférable d'employer dans les pays où la charrette à deux roues et les charrues sans avant-train sont en usage. Il faut seulement, comme on le fait généralement dans toute la Gascogne, confectionner ces jougs avec des soins particuliers, et leur donner plus de légèreté.

M. Villeroy s'exprime ainsi sur cette intéressante question : « Doit-on atteler les bœufs à la charrue à l'aide du joug ou du collier? Le joug a l'avantage de son extrême simplicité et de son bas prix ; avec le joug double on dresse et on maîtrise plus facilement les bœufs ; il convient donc mieux dans un pays où l'on élève, où l'on engraisse et où le but principal n'est pas une plus grande masse de travail obtenue par les animaux. A la charrue, les bœufs au joug sont attelés beaucoup plus court ; ils ont par là plus de force, la charrue vacille moins et les tournées sont plus faciles. Avec le collier, les bœufs ont les mouvements plus libres, ils peuvent marcher plus vite; il n'est pas nécessaire qu'ils soient appareillés, égaux en taille et en force comme avec le joug. Le collier peut donc mieux convenir là où le travail est la principale destination des bœufs, et par conséquent là où souvent on les conserve plusieurs années.

« Si les bêtes tirent avec le collier, on a l'avantage de pouvoir faire servir le même chariot aux bœufs et aux chevaux, tandis qu'avec le joug double il faut au chariot un autre timon pour les bœufs. Dans un pays montueux, dans les champs dont la pente est rapide, où se rencontrent des roches, des ravins qui placent très-souvent les bœufs dans une position forcée, l'un plus élevé que l'autre, ils souffrent beaucoup d'être fixés l'un à l'autre par le joug, et il en résulte quelquefois des écarts d'épaules. Par contre, si les bœufs tirent avec des colliers dans des montagnes et dans des mauvais chemins, ils ont beaucoup plus de peine à diriger le timon, et pour qu'ils puissent retenir, il leur faudrait un harnais complet avec avaloires, comme à des chevaux. Comme ils portent la tête basse, ils reçoivent fréquemment des coups de timon qui peuvent être dangereux. On reproche aux colliers d'entraîner un attirail de harnais plus compliqué et plus cher, et de ne pas offrir les mêmes moyens de maîtriser les animaux. La bouche du bœuf, par sa conformation, ne se prête pas du tout à recevoir une bride, non plus que son fanon et son poitrail à recevoir un collier. Si on observe un bœuf qui marche, on remarquera un mouvement de l'épaule beaucoup plus prononcé que dans le cheval. Aussi je crois que le bœuf poussant par la tête a plus de force; car ce n'est pas par les cornes qu'il tire au moyen du joug; il pousse par le front, et les cornes ne servent qu'à maintenir les courroies.

« Les bœufs au joug sont obligés de souffrir les mouches qu'ils ne peuvent atteindre avec la queue, et par contre, ceux qui sont attelés avec les colliers, frappant à droite à gauche pour chasser les mouches, distribuent souvent des coups de cornes à leur conducteur et à leurs voisins.

« Si on veut atteler chaque bœuf seul, on peut remplacer le collier par un petit joug, à chaque extrémité duquel les traits sont fixés. Ces traits sont ordinairement deux chaînes soutenues par une courroie ou même une sangle qui passe sur le dos du bœuf. Pour retenir, la chaînette du timon aboutit à une autre petite chaîne qui va d'une extrémité à l'autre du joug en passant sous le cou des bœufs. »

Des exigences culturales de chaque pays doit donc dépendre l'adoption de tel ou tel mode d'attelage. Mais que l'on remarque bien qu'avec le demi-joug il faut des animaux bien doux et bien dressés pour qu'il n'en résulte pas d'accidents; car la liberté de mouvements qu'on leur laisse amoindrit beaucoup les moyens d'action du conducteur, et lui ôte même cette possibilité de se faire obéir instantanément qui résulte de l'attelage au double joug.

Un bœuf de taille moyenne fait aisément 24 kilomètres en 8 heures, et quelques-unes de nos races légères du Midi ou du Morvan marchent beaucoup plus vite : j'ai même souvent vu des bœufs dans les Landes, dans les Pyrénées, en Espagne, faire 80 kilomètres dans une nuit et un jour, et trotter longtemps de suite, fort vite, comme d'excellents chevaux, sans s'essouffler.

On calcule que, dans le travail, l'allure du bœuf est tantôt des *deux tiers*, tantôt des *trois quarts* de celle des chevaux; mais le bœuf peut travailler dans un jour plus longtemps que le cheval, et ses attelées peuvent être de 10 heures pour les travaux pénibles, de 11 à 12 heures pour les travaux légers de hersages, de semailles, etc., de sorte que, en somme, le travail du bœuf atteint bien au delà de la proportion des *deux tiers* de celui du cheval. D'après l'habile agriculteur sir John Sinclair, cette proportion est, en Angleterre, des *trois quarts;* mais, en Angleterre, les races bovines de travail sont, selon moi, fort inférieures à nos races françaises, tandis que les races chevalines y sont excellentes. La proportion pour la France sera appréciée plus justement, si on s'en rapporte à Mathieu de Dombasle, qui dit, dans ses *Annales de Roville* (t. Ier, p. 162), « qu'en Lorraine, la proportion du travail du bœuf est des *quatre cinquièmes* du travail du cheval. »

D'un autre côté, cependant, M. de Gasparin raconte avoir vu en automne des chevaux labourer 33 ares, pendant que les bœufs n'en labouraient que 25. Ce ne serait que les *trois quarts;* mais il faudrait savoir si la qualité des bœufs était en rapport avec celle des chevaux, si la largeur des tranches de terre prises était la même pour les deux attelages; car, bien que le cube de terre soulevé soit plus considérable et le travail plus pénible quand un attelage enlève de larges tranches, on comprendra aisément que plus la tranche enlevée est large, plus le parcours, que l'attelage doit faire, diminue. S'il a à parcourir 4,000 mètres en prenant des tranches de 14 centimètres, il n'en aura plus que 2,000 si les tranches sont de 28 centimètres.

M. de Pradt, insistant sur cette observation, que si le cheval travaille plus vite, il ne travaille pas si longtemps chaque jour que le bœuf, estime que le cheval et le bœuf font un travail absolument égal.

Quoi qu'il en soit, les avantages économiques de l'emploi des bœufs dans le travail restent encore assez considérables, ainsi que nous allons le voir en poursuivant la comparaison, pour prémunir les agriculteurs prudents contre de dangereuses innovations.

Le bœuf consomme beaucoup de nourriture, mais il est infiniment moins exigeant sur sa qualité que le cheval : il ne mange ni avoine ni orge, et ses forces sont parfaitement maintenues par la nourriture en vert, qui ne suffit pas au cheval qui travaille. Après une journée pénible, il passe souvent la nuit sur de maigres pacages, et y répare complétement ses forces; des feuilles sèches de maïs, de la paille médiocre, suffisent à sa ration. Les plus fortes chaleurs ne l'empêchent pas de manger; il est l'animal de trait de l'Espagne, de l'Italie, des Arabes et des Indiens. Sobre et vigoureux, il ne redoute aucun climat, ne dépense pas ses forces en pure perte, et se couche, sans quitter le joug, sur la terre nue, dure, ou humide, peu lui importe, pour ruminer et se reposer pendant les temps d'arrêt et le repos de ses conducteurs.

Chaque jour de cette vie laborieuse, le bœuf acquiert quelque valeur de plus par l'augmentation progressive, et, pour ainsi dire, mathématique de son poids, qui, au terme de sa carrière, établit son prix de vente à la boucherie. M. de Pradt a dit très-justement que « on vendait les chevaux à la forme et les bœufs au poids. » Des agriculteurs intelligents, au moyen d'une comptabilité régulière, de pesées mensuelles de leurs animaux, d'observations attentives, en sont venus à connaître parfaitement l'accroissement journalier d'un bœuf, à toutes les périodes de son existence, suivant les régimes auxquels il est soumis, le travail plus ou moins long qu'on exige de lui ou le repos absolu qu'on lui laisse. Ils savent que, dans telles et telles conditions, tant de kilogrammes de fourrages font tant de kilogrammes de chair ou de graisse. Les uns prétendent trouver leur profit à pousser à la précocité et à n'exiger aucun travail de leurs bœufs; les autres, au contraire, en exigent un travail rude et régulier. Ils ont raison, les uns et les autres, suivant les pays où ils élèvent; je ne veux pas ici discuter leurs systèmes, mais prouver que tous reconnaissent cette loi de la nature, que les animaux de la race bovine augmentent graduellement de poids jusqu'à un âge assez avancé, et par conséquent augmentent chaque jour de valeur; tandis que le cheval, dont la nourriture en avoine, orge, féveroles, son et farine, est fort dispendieuse, arrive progressivement, et en avançant en âge, à un prix à peu près nul, et diminue, par conséquent, de valeur chaque jour.

« *Le bœuf*, dit le vieil Olivier de Serres, *est de facile entretenement, despend peu en son vivre ordinaire; mais le cheval est la beste de labourage de plus grande despence que nulle autre en son vivre.* »

Voici comment s'exprime à cet égard l'illustre agriculteur Thaër. Après avoir discuté diverses méthodes d'entretien du bétail, il ajoute : « Quelle que soit celle de ces nourriture que l'on adopte, les bœufs, loin de diminuer de force et d'embonpoint, augmentent au contraire de valeur et couvrent même l'intérêt de leur capital. Si cependant, en considération de cet intérêt et du risque, nous mettons encore à la charge du bœuf 12 + par année, un bœuf entretenu aussi bien que possible ne coûtera guère que le quart de ce que coûte un cheval; et si même on admet que quatre bœufs de rechange ne font pas plus d'ouvrage que deux chevaux, ce travail fait avec des bœufs sera cependant de la moitié meilleur marché que s'il eût été fait avec des chevaux. »

A l'appui de cette assertion, voici un extrait d'un intéressant travail fait par M. Durand, ancien maire de Saint-Gilles (Gard), et actuellement régisseur de M. de Gasparin. Ce travail établit, comme celui de M. de Béhague, le prix de revient de la nourriture et de l'entretien des bœufs et des chevaux, et, par conséquent, le prix de revient comparatif du travail exécuté par ces animaux.

12 paires de bœufs étaient nourries neuf mois à l'étable et trois mois au pâturage;

6 juments étaient nourries à l'écurie.

Voici la dépense de ces divers animaux :

BŒUFS.

NOURRITURE.

		fr.	c.
2,160 journées	où l'on a donné 309 kilog. 20 de marc de raisin (12 litres par bœuf), à 2 fr. l'hectolitre.	518	40
4,320 —	à 15 kilog. de foin, à 3 fr. les 100 kilog.	1,944	»
2,280 —	à 0 fr. 30 c. par jour.	684	»
8,760 journées.		3,146	40

Par journée, 0 fr. 358, c'est-à-dire un peu moins de 36 centimes.

DÉPENSE ANNUELLE.

	fr.	c.
Nourriture.	3,146	40
1 palefrenier.	800	»
12 valets ou bouviers.	7,200	»
Ferrures et outils, à 23 fr. par couple.	276	»
Harnais et vétérinaire.	72	»
Intérêts à 10 p. 0/0 du capital du cheptel à 550 fr. la paire (6,600).	660	»
	12,154	40

Ou par couple, 1,012 fr. 87 c.; soit, par jour moyen, 2 fr. 814, et pour 252 jours de travail, chaque jour 4 fr. 019. Mais comme on parvient, au moyen du charroi, à porter le nombre des journées à 275, la journée de travail coûte 3 fr. 672.

SIX JUMENTS.

NOURRITURE.

		fr.	c.
2,160 journées	à 16 kilog. de foin, à 5 fr. les 100 kilog. . . .	1,728	»
2,160 —	à 6 litres d'avoine.	1,666	40
360 —	à 3 litres de farine d'orge, à 12 fr. l'hectol. . .	129	60
4,680 journées.		3,524	»

Par journée, 1 fr. 40 c.

DÉPENSE ANNUELLE.

	fr.	c.
Nourriture	3,024	»
1/2 palefrenier	400	»
3 valets à l'année, à 750 fr.	2,280	»
3 valets à 6 mois, à 800 fr.	1,200	»
Ferrure et entretien d'outils (54 fr. par couple)	162	»
Harnais (abonnement à 15 fr. par couple)	135	»
Vétérinaire (3 fr. par bête)	18	»
Intérêts du capital de 3,600 fr. (600 fr. par jument), à 21 p. 0/0.	720	»
	7,939	»

Chaque jument occasionne une dépense de 1,223 fr. 17 c. par an, soit, pour chaque jour moyen, 3 fr. 251, et pour chacune des 252 journées de travail, 4 fr. 854; enfin, en admettant 275 jours de travail, à cause du charroi, 4 fr. 448.

La journée d'une couple de bœufs coûte donc	3 fr.	672
— de juments	8	896

Examinons maintenant le travail effectué. Avec le bœuf, on laboure, savoir :

Défoncement de 1 hectare avec	2 couples	en 5	jours.
Labours d'ameublissement	1	— 5	—
Avec le scarificateur (Griffon)	1	— 1	—

Ainsi, avec les bœufs, la jachère complète coûte :

	fr.	c.
Labour de défoncement	36	72
2 labours d'ameublissement	36	72
1 labour d'ensemencement	3	67
	77	11

Avec les juments, on laboure :

Défoncement de 1 hectare avec	2 couples	en 3	jours.
2 labours suivants	1	— 3	—
scarificateur	1	— 1/4	—

La journée étant, pour la couple, de 8 fr. 896, la jachère complète coûte :

Défoncement.	53 fr.	376
2 labours d'ameublissement. . .	53	376
1 labour de semaille.	8	896
	115 fr.	648

Le travail fait par les bœufs coûte donc 77 fr. 11 c. par hectare; le même travail fait par les chevaux coûte 115 fr. 648.

Maintenant, il y a un autre calcul à faire à l'avantage des chevaux : c'est que, les chevaux marchant plus vite, ils cultiveront 20 hectares pendant que les bœufs n'en cultivent que 12, et il leur restera encore un supplément de 30 journées disponibles pour les charrois.

En somme, et en les considérant par rapport au temps employé à labourer un même espace de terre, on trouve que

Le bœuf vaut.	1.00
et que la jument vaut . . .	0.60

C'est-à-dire que 6 juments feraient le travail de 10 bœufs; mais que les 6 juments coûteraient par an 7,939 fr., les 10 bœufs, 5,060 fr.

Et, on le voit, ces calculs sont encore basés sur une ration fort économique pour les juments, tandis que l'on n'ignore pas que la ration ordinaire d'un cheval de ferme, aux environs de *Paris*, par exemple, est de 15 à 18 litres d'avoine et du foin à volonté. Il faut lui donner, en outre, des soins plus intelligents et plus délicats, plus de place à l'écurie, des harnais plus chers. S'il lui survient un accident, il n'est plus bon que pour l'équarrisseur ; au contraire le bœuf conserve pour le boucher la plus grande partie de sa valeur.

Tandis que le capital engagé dans le cheptel d'une ferme se conserve, augmente même infailliblement par une administration intelligente, quand la culture est faite par des bœufs; que la même intelligence ne peut prévenir cette loi fatale de l'anéantissement du capital à un jour donné quand la culture est faite par des chevaux, il y a encore un autre avantage qu'il est utile de faire ressortir : c'est la différence du capital engagé. Le prix d'une bonne paire de bœufs n'est tout au plus que le tiers ou la moitié du prix d'une paire de forts chevaux de travail ; et c'est à peine, nous l'avons vu, si le gros capital engagé, et qui doit périr, fournit *un cinquième* ou *un quart* de plus que le petit capital, qui doit se conserver et même progresser. — Quel est, dans le Midi, le paysan qui consent à livrer ses bœufs achetés depuis six mois sans gagner quelque chose sur leur prix ?

Et pourquoi ne pas dire encore la différence de mœurs, d'habitudes, que semblent communiquer à ceux qui les soignent les animaux entre lesquels j'établis ici un parallèle ? Verra-t-on souvent un bouvier violent, impétueux comme le sont un si grand nombre de charretiers ? Non ; il est toujours pacifique et grave dans ses manières, et il y a pour cela de bonnes raisons : le bœuf s'effraye du bruit, il est sensible à la crainte, à la colère, et des manières brutales le rendraient indocile et incapable des services qu'on en réclame. Le cheval, au contraire, vif et gai dans ses mouvements, le plus souvent sans rancune contre les coups de son guide, n'a rien de ce qui apaise un caractère emporté, et n'inspire ni le calme ni la crainte.

Doit-on conclure de ces considérations qu'il faut se hâter de remplacer partout le travail des chevaux par celui des bœufs ? Non, certes, telle n'est pas ma prétention. Les riches fermiers de la Flandre, de la Brie et de la Beauce tirent des chevaux un excellent parti : leurs exploitations, souvent considérables, puisqu'il y a des fermes qui sont louées jusqu'à 25,000 francs, ont besoin des agents de culture les plus rapides, et leur agriculture, plus avancée que dans tout le reste de la France, compense, par l'abondance et la qualité de ses produits, des mises de fonds plus considérables. Il y a plus, je ne veux pas proscrire des grandes cultures du midi et de l'ouest de la France le travail des chevaux. Combiné avec celui des bœufs, on en peut tirer, au contraire, un excellent parti, je l'ai déjà dit ; il est telles circonstances où l'on est heureux de faire exécuter, même à un prix élevé, un travail pressé ; et, pour les transports lointains, par exemple, la supériorité des chevaux pour la marche rend leur emploi plus avantageux.

Non, ce que je veux conclure des observations que je viens de présenter, c'est que, lorsqu'il est prouvé que le travail du bœuf est moins coûteux que celui du cheval, lorsque tel est l'avis d'agriculteurs aussi éminents qu'*Olivier de Serres*, *Arthur Young*, *Thaër*, *sir John Sinclair*, *Mathieu de Dombasle* et *M. de Gasparin*, on ne doit pas chercher à la légère à substituer le cheval au bœuf dans les pays où l'espèce bovine est employée à la culture des terres, et bouleverser ainsi des habitudes prises et une situation économique fondée sur la tradition de longs siècles.

CHAPITRE III

DE LA BOUCHERIE

Augmentation de la consommation de la viande. — Hausse des prix. — État stationnaire de la production. — Production comparée de la France et de l'Angleterre. — Encouragements à donner aux éleveurs de bétail. — Avantages de la liberté de la boucherie. — Nécessité de la disparition des intermédiaires entre le producteur et le consommateur. — Exagération du prix de la viande à Paris. — Bénéfices occultes des bouchers. — Comment le bœuf a quatre quartiers pour le vendeur et cinq quartiers pour le boucher. — Consommation et prix comparé de la viande à Londres et à Paris. — Moyen de diminuer le prix de la viande sans préjudice pour l'éleveur.

J'ai dit que personne ne conteste l'importance de la race bovine au point de vue de la boucherie ; mais personne non plus ne semble se douter que l'on fait fausse route dans cette grave question de la production de la viande. La consommation augmente et les prix haussent toujours ; on s'inquiète de cette situation, on en cherche la raison ; elle est bien simple : la production est restée stationnaire, elle n'est pas en rapport avec la consommation, et elle est restée stationnaire parce qu'elle n'est pas suffisamment avantageuse pour l'agriculture.

Le remède à une situation aussi grave n'est pas facile à appliquer ; car il faut un peu le concours de tout le monde, et surtout l'appui vigoureux de l'autorité, qui aurait seule la puissance d'amener une réaction dans les tendances du marché.

Les encouragements les plus généreux prodigués à l'éducation du bétail seraient nécessaires en ce moment, et ils amèneraient sans doute la consommation à se modifier dans le sens de ce qu'elle est en Angleterre, où elle est tout à la fois plus profitable qu'en France à l'agriculture et à la santé publique.

Le nombre des bêtes bovines de la France étant évalué, en chiffres ronds, à 10 millions, le nombre des vaches étant de 4 millions, celui des veaux de 3 millions, on tue deux millions et demi de veaux par an, lesquels ne donnent pas plus de 30 kilog. de viande nets par tête. On abat, en outre, 1,500,000 grosses têtes, et le total de ces 4 millions de têtes donne un rendement de 400 mil-de kilog. de viande.

En Angleterre, sur une population de 8 millions de têtes, on en abat seulement 2 millions, dont le rendement est de 500 millions lions de kilog. de viande.

Oui, en France, 4 millions de têtes donnent 400 millions de kilog. de viande, et, en Angleterre, 2 millions de têtes en donnent 500 millions.

C'est qu'en Angleterre, on ne tue ni autant de veaux ni autant de vieux bœufs, et c'est cette juste et habile proportion qui lui donne sous ce rapport une situation économique bien supérieure à celle de la France.

Le premier des encouragements à donner à la production du bétail était le renversement du monopole sur le grand marché de Paris, et c'est un acte important, qui sera aussi utile à l'agriculture qu'à la consommation, que d'avoir proclamé et mis en pratique la liberté de la boucherie; on supprime ainsi une partie de ces intermédiaires qui absorbent une trop large part des prix, et font que le consommateur paye la viande trop cher alors que le producteur la vend trop bon marché, et se dégoûte, par conséquent, de la produire. Mais tout n'est pas dit pour cela, il faut faire plus encore et examiner d'autres côtés de la question. — Un coup d'œil, jeté sur ce qui se passait sous l'empire du monopole, est nécessaire pour bien apprécier le chemin qu'on a fait et celui qui reste encore à faire : il ressort de documents officiels rapportés dans un livre sérieux et intéressant publié par M. Blanc, les *Mystères de la Boucherie*, que le prix de revient moyen d'un bœuf amené à peser 350 kilog. de viande nette est de 314 francs, soit, par kilog., de 89 à 90 centimes. Certes il y a un écart considérable entre ce prix et le prix de vente de la viande, et si la plus grosse partie en revenait, comme il serait juste, à l'éleveur, son bénéfice l'encouragerait puissamment à la production; mais, outre l'intermédiaire indispensable du boucher, il y en avait d'autres de toutes sortes : il y avait la caisse de Poissy, qui percevait à la fois un intérêt de 5 pour 100 sur les prêts faits aux bouchers, et un droit municipal de 3 cent. par kilog.; ce qui a fait dire à M. Chale, déposant dans l'enquête parlementaire de 1851 : « La caisse de Poissy est un outil avec lequel la ville de Paris prend 1,400,000 francs dans la poche de l'agriculteur, sous prétexte d'assurer ses payements, qu'elle n'assure pas du tout. » — Il y avait le droit d'octroi de 2 cent. par kilog.; le droit d'abattoir, d'un peu plus de 7 cent. Ce qui fait, pour la caisse de Poissy, pour l'octroi, et pour l'abattoir, 15 cent. 34. — Ce n'est pas tout encore : par suite de la loi qui impose de conduire sur les marchés de Sceaux et de Poissy tous les animaux destinés à l'approvisionnement de Paris, il faut au moins un acheteur de première main qui forme les bandes de bestiaux et les conduit sur les marchés privilégiés, mais plus souvent deux, trois et jusqu'à quatre marchands intermédiaires dont le bénéfice n'est pas moindre de 10 à 15 cent. par kil. et par intermédiaire; il y a les commissionnaires près ces mêmes marchés; puis les entrepreneurs qui conduisent les bestiaux de Sceaux à Poissy et de Poissy à Sceaux; il y a les marchands de fourrages et les logeurs; et tout ce monde a sa part du bénéfice que le consommateur devrait payer au producteur : tout cela augmentait le prix de la viande et l'augmente encore aujourd'hui de 6 à 8 cent. par kilog., en moyenne. Tous ces intermédiaires ne peuvent être supprimés, je le sais, mais, dans un ordre de choses bien réglé, ils peuvent et doivent être considérablement diminués; et la production du bétail ne peut prendre un essor sérieux que lorsque l'agriculture sera fermement rassurée à cet égard.

La lumière s'est faite de tous côtés; les publications les plus intéressantes sont venues éclairer ces questions que l'intérêt des bouchers de Paris rendait volontairement si obscures; les documents abondent, et on peut se rendre compte des abus de toutes sortes que l'ignorance seule des faits a pu laisser sans remède pendant si longtemps.

C'est à l'enquête parlementaire commencée en 1851, et que les événements politiques de cette époque empêchèrent d'aboutir, que doit remonter le mérite de l'étude approfondie de cette question. Les documents recueillis à ce moment sont la base et le point de départ de toutes les publications qui ont eu lieu depuis ; ils portent un tel caractère de loyauté et de vérité, qu'on s'est senti fort en les citant, et qu'ils se trouvent sans cesse sous la plume de tous les écrivains. Un entre autres, M. E. Blanc, dans ses *Mystères de la Boucherie*, en a fait un usage fort heureux en appuyant de cette autorité le résultat de ses travaux personnels. Je lui emprunterai quelques chiffres d'un haut intérêt. Malheureusement, M. Blanc ne concluait pas à la liberté, il voulait une autre sorte de monopole ; mais ses chiffres n'en sont pas moins instructifs.

Le prix du bœuf, en 1820, était à Paris de 1 fr. 10 à 1 fr. 20 le kilogr. ; en 1841, de 1 fr. 40. (Rapport de M. Boulay de la Meurthe au conseil municipal.) Il s'est élevé successivement à 2 fr. et 2 fr. 08 : c'est une augmentation de 90 pour 100 en trente-six ans, et cela au milieu de tous les efforts faits par l'administration pour diminuer le prix de la viande, et d'une multitude de mesures diverses, contradictoires, et sans cesse renaissantes, prises en vue de conjurer le mal. En présence de la formidable organisation de la boucherie de Paris, l'impuissance a été longtemps aussi éclatante que la bonne volonté. C'était donc à cette arche sainte qu'il fallait porter la main, et, certes, la boucherie à Paris aurait mauvaise grâce de se plaindre d'un état de choses qu'elle a provoqué en abusant jusqu'aux plus extrêmes limites du monopole et en poussant à bout la patience des administrateurs et celle des administrés. Qu'on en juge : « Il a été assuré que les bouchers de Paris, à raison du bénéfice qu'ils réalisaient sur la peau et les diverses issues, pouvaient vendre la viande, au détail, 10 cent. de moins par kilog. qu'ils ne l'achetaient. (Enquête parlementaire de 1851, tome Ier, page 32.) Or le cours moyen des mercuriales des marchés, cette année, porte la viande à 1 fr. 40 cent., et ce prix est fictif, « *parce que les bouchers ont intérêt à élever fictivement le prix du bétail sur pied pour s'autoriser à vendre plus cher au détail.* » (Rapport de M. Boulay de la Meurthe, 1841.)

Admettons cependant ce chiffre de 1 fr. 40 cent., eh bien, le prix moyen de la vente à l'étal, sous le régime de la taxe, a été de

1 fr. 98 c., c'est-à-dire 58 cent. de plus que le prix d'achat au lieu de 10 cent. en moins.

Voici, sous une autre forme, le compte du boucher :

Prix d'achat de la viande.			1 fr. 40 c
Prix de vente :	Vente à l'étal.	1 fr. 90 c.	2 52
	Bénéfice du 5e quartier, cours actuel, réduit d'un 6e. .	» 54	

Mais ce n'est pas tout.

Mentionnons maintenant les bénéfices occultes qui s'ajoutaient à ce chiffre de 2 f. 32 c., ce sont :

1° Les réjouissances imposées à l'acheteur, *malgré les règlements de la préfecture de police*, environ le *quart*, plus souvent le *tiers*, soit 40 c. par kilog.

2° Des substitutions d'une catégorie à l'autre, soit le montant de l'écart des catégories, 40 c. par kilog.

3° La vente au fondeur des suifs du dégrais d'étal (environ 15 kilog. par bœuf), des graisses et peaux *pesées à la pratique au prix de la viande* (1 fr. 98 c. le kilog.) et jetées au panier, puis *vendues une seconde fois* (environ 10 kilog. à 1 fr. 20 c.), total 25 kilog., formant un bénéfice moyen de 49 fr. 80 c. par bœuf ou 14 c. 1/2 par kilog.

4° La vente de 20 kilog. d'os alloués aux bouchers sur chaque bœuf, comptés par la préfecture de police à 20 c. le kilog., et qu'ils vendent au prix de la viande (1 fr. 98 c.).

5° Les rognons, les faux filets dont le poids normal est de 20 kilog. et auquel s'ajoutent 20 autres kilog. empruntés aux 1re, 2me et 3me catégories, le tout vendu 3 fr. le kilog.

Enfin, et surtout, il faut compter l'habileté avec laquelle les viandes sont manipulées de manière qu'il ne reste jamais de morceaux de la 4me catégorie, presque pas de la 3me, ce qui a fait calculer que les bouchers gagnent environ 1 fr. par kilog. sur la 4me catégorie.

Maintenant, il y a encore la substitution de la viande de vache à la viande de bœuf, quand l'écart entre le prix de ces deux viandes est de 48 à 50 c. par kilogr. — Tous les bouchers tuent des vaches (ils en abattent 25,000 par an à Paris), et ils ont raison d'en tuer, car souvent, quoi qu'on dise, cette viande est aussi bonne, aussi fine que la viande de bœuf; tout dépend de la qualité et de la santé de l'animal; mais, pourtant, jamais on ne trouve de vache chez les bouchers. Ils repoussent comme une injure la demande de viande de vache; c'est que cette viande reçoit le nom de bœuf aussitôt qu'elle paraît sur l'étal, et cette substitution frauduleuse constitue un bénéfice net de 149 fr. 54 c. par vache abattue.

Quels sont, en présence de ces énormes bénéfices, les frais à déduire? c'est par kilogr. :

Le prix d'achat.	1 fr.	40 c.	»
Les drois municipaux.	»	12	34
Les frais d'étal.	»	8	50
Prix de revient.	1 fr.	60 c.	84

Il faut lire, dans le livre de M. Blanc, tous les calculs si détaillés, si précis qu'il renferme, pour se faire une idée de l'énormité de la mystification dont l'agriculture et la consommation sont l'objet depuis tant d'années à Paris, et voir comment on arrive logiquement à cette conclusion d'un de ses chapitres :

« *Quarante-cinq millions* de bénéfices sur un débit annuel de 60 millions de kilog., ayant coûté, *non aux prix fictifs des mercuriales*, mais aux prix réels d'achats, 65 à 68 millions de francs; ce qui équivaut à plus de 70 pour 100. »

Dans ce chiffre inouï de 45 millions, pour quelle somme croit-on que figure ce mystérieux cinquième quartier qui se compose des issues et qui n'est jamais compté pour un centime à l'éleveur? Pour 18 ou 20 millions de francs, et ceci est un chiffre officiel et résultant des renseignements recueillis au ministère de l'agriculture et du commerce. — Comprend-on maintenant à quel point l'éleveur est victime du boucher?

Les issues ont une importance que l'habileté du boucher a su dissimuler jusqu'ici : il est bon de s'en rendre parfaitement compte; car les bénéfices dont elles sont l'occasion doivent être partagés avec l'éleveur, qui a eu jusqu'à présent la simplicité de ne prétendre en rien à la valeur de ce cinquième quartier, qui est cependant de

126 fr. 90 c. par bœuf, soit 36 c. 78 m. par kilog. à raison de 345 kilog. de viande nette.

75 fr. 90 c. par vache, soit 34 c. 1/2 par kilog. à raison de 220 kilog. de viande nette.

29 fr. 50 c. par veau, soit 43 c. par kilog. à raison de 68 kilog. de viande nette.
11 fr. 60 c. par mouton, soit 64 c. par kilog. à raison de 18 kilog. de viande nette.

Les calculs qui attribuent en moyenne un bénéfice de 34 c. par kilog. en représentation du cinquième quartier, ont été basés sur les cours moyens de 1856; ceux de 1857 sont plus élevés et donnent une augmentation de 22 fr. 70 c. par bœuf; 14 fr. 95 c. par vache; 6 fr. 33 c. par veau; 2 fr. 22 c. par mouton. Ils élèvent par conséquent proportionnellement ce bénéfice évalué trop bas de 34 c. par kilog., et le portent à 36 c. 78 pour le bœuf; 34 c. 1/2 pour la vache; 43 c. pour le veau et 64 c. pour le mouton.

Voici, pour compléter ces renseignements utiles aux éleveurs, les prix des diverses parties de ces issues calculés au cours actuel.

BŒUF.

Peau, poids moyen de 47 kilog. 1/2.	58 fr.	90 c.
Suif, poids moyen de 50 kilog.	56	»
Abats (mou, foie, rate, cervelle, langue, amer, panse).	12	»
Total.	126 fr.	90 c.

VACHE.

Peau, poids moyen, 35 kilog.	45 fr.	50 c.
Suif, poids moyen, 20 kilog.	22	40
Abats (les mêmes que pour le bœuf).	8	»
Total.	75 fr.	90 c

VEAU.

Peau, poids moyen, 7 kilog. 1/2.	16 fr.	50 c.
Suif, poids moyen, 4 kilog.	4	80
Abats (tête, langue, cervelle, ris, fressure et fraise).	8	»
Total.	29 fr.	30 c.

MOUTON.

Peau en laine, valeur moyenne.	6 fr.	» c.
Suif, poids moyen, 3 kilog.	3	60
Abats (tête, langue, cervelle, pieds, rognons, panse).	2	»
Total.	11 fr.	60 c.

Tous ces chiffres résultent de *cours authentiques*.

Que l'on considère quelle perte énorme il y a là pour la production. Nous voudrions qu'elle portât sur ce point une sérieuse attention, et que délivrée du monopole elle sût se faire payer par les bouchers des parties qui ont une valeur aussi nette et aussi réelle que la viande qu'elle leur vend. Il est absurde que le même animal ait quatre quartiers pour le vendeur et cinq pour le boucher.

Voyons maintenant quelle est l'influence du prix de la viande sur la consommation et surtout sur les qualités consommées.

Un journal anglais, *Night Side London*, a publié, sur la consommation de Londres, des documents statistiques fort intéressants. On mange annuellement à Londres 277,000 bœufs; 30,000 veaux; 1,480,000 moutons; 35,000 porcs. A ce propos, M. E. Blanc fait les réflexions suivantes :

« Si nous nous reportons à la consommation de Paris, nous voyons que cette consommation moyenne annuelle, pour une population qui ne représente que la *moitié* de celle de Londres, est de 88,000 bœufs, *près des deux tiers de moins* que la consommation de Londres; de 77,000 à 80,000 veaux, près *des deux tiers de plus* qu'à Londres, enfin de 20,000 à 25,000 vaches, etc.

« Or, en réduisant ces quantités en kilogrammes, nous trouvons les différences suivantes entre les conditions alimentaires de ces deux capitales.

« Les 277,000 bœufs de Londres, d'un poids supérieur à celui des bœufs français et pesant en viande nette un minimum de 400 kilog. par bœuf, donnent, pour les 2,360,000 habitants de cette ville, 47 kilog. par tête, et les 30,000 veaux, viande dont les qualités nutritives sont bien inférieures, 86 grammes seulement.

« Les 88,000 bœufs de Paris, au contraire, d'un poids moyen de 345 kilog., ne donnent aux 1,200,000 habitants de cette ville que 25 kilog. 30 gr. par tête, et les 77,000 veaux, 5 kilog.; ce qui fait par habitant, en faveur de la population de Londres, *une différence en plus* de 21 kilog. 70 gr. de bœuf, *viande substantielle*, et *une différence en moins* de 4 kilog. 14 gr. de veau, *viande beaucoup moins substantielle*.

« Ces chiffres expliquent pourquoi le journal anglais peut se croire autorisé à dire que *Londres est la ville du monde où l'on se porte le mieux. En dix ans, la moyenne des décès a été de*

25 *pour* 1,000; *en* 1856, *cette proportion est descendue à* 22 *pour* 1,000.

« Si, pour compléter la comparaison, nous consultons les tables mortuaires de Paris, nous y trouvons avec les chiffres du journal anglais un triste contraste dans la progression constante des décès, dont la moyenne, qui était, de 1831 à 1840, de 26 pour 1,000, s'est élevée, de 1841 à 1850, à 28 1/2 pour 1,000, et, de 1851 à 1855, à 31 1/2 pour 1,000 ! ! !

« Peut-être le prix de la viande à ces différentes époques nous donnera-t-il la raison de cette déplorable progression mortuaire.

« En effet, de 1831 à 1840, on payait la viande à l'étal 1 fr. 20 à 1 fr. 30 le kilogr.; de 1841 à 1850, le prix a été de 1 fr. 40 et 1 fr. 50; et, enfin, nous l'avons vue, de 1851 à 1859, atteindre des proportions qui ont pris chaque jour un caractère *de plus en plus prohibitif*.

« N'est-ce pas ici le cas de rappeler cette effrayante déclaration faite devant la commission d'enquête de 1851 et reproduite à la page 101 de cet ouvrage, que « *quand la consommation de la viande diminue,* LA MORTALITÉ S'ACCROIT DANS UNE PROPORTION ANALOGUE. »

Il y a certes là matière à de graves réflexions et motif de chercher à ramener la production et la consommation du bétail, cette source de la santé publique, à des conditions équitables pour tous.

L'agriculture peut-elle produire de la viande d'une manière avantageuse, en produire davantage, par conséquent, tout en en diminuant considérablement le prix pour le consommateur?

Oui, certainement; mais il faut, à mon sens, trois conditions en ce qui concerne la boucherie de Paris, et ces mesures auraient une influence immédiate et radicale sur la boucherie du reste de la France, qui, sans arriver aux exactions de la boucherie de Paris, tend à imiter ses procédés. Ces trois conditions sont :

1° Le maintien de la liberté du commerce de la boucherie, c'est-à-dire la concurrence et une surveillance plus réelle, plus efficace de la qualité des viandes; car sous le régime du monopole la fraude s'était introduite partout, et il ne vivait que de la violation des lois et règlements qui régissent la matière;

2° La suppression de tous les intermédiaires, de tous les droits qui se placent entre le producteur et le consommateur. Qu'il ne reste que le boucher, et le droit d'octroi et d'abattoir réduit à 5 ou 6 centimes;

3° Création d'un marché unique à la porte de Paris, et suppression, par cette mesure, des 8 ou 10 cent. qui grèvent la viande des animaux traînés actuellement de Sceaux à Poissy, de Poissy à Sceaux, de Poissy à Paris, au grand détriment de leur santé, de leur poids et de la qualité de leur viande. — Par cette disposition, encore, on pourra espérer une inspection plus sérieuse, plus réelle que celle qu'un directeur d'abattoir signalait en ces termes sévères dans l'enquête législative de 1851 :

« Il est certain que l'inspection des marchés est complétement illusoire, les inspecteurs n'inspectent rien du tout. On fait sur les marchés tout ce qu'on veut; le public n'y trouve aucune garantie. Il vient des animaux dans le plus déplorable état; les inspecteurs ne les voient jamais, et puis c'est une question de savoir si, en les voyant, ils en empêcheraient la vente. »

L'établissement d'un marché unique et à la porte de Paris pourrait encore entraîner d'autres mesures désirables, par exemple la vérification des viandes qui sont souvent d'une qualité déplorable, et, dans ce but, la suppression de l'entrée dans Paris de *la viande à la main*, c'est-à-dire de la viande qui provient d'animaux abattus hors barrière, le plus souvent malades et tués clandestinement.

La consommation de la viande, dans ces conditions, a pris des proportions effrayantes; car, en 1856, elle a atteint le chiffre de 17,151,000 kilog., c'est-à-dire le tiers de la consommation de la viande sortie des abattoirs, tandis qu'elle n'était encore, en 1818, que de 366,000 kilog., et, en 1846, de 4,653,000 kilog.

La viande de tout animal qui n'a pas été inspecté *sur pied* doit être proscrite; c'est l'unique moyen d'assurer une alimentation salubre.

Tel est l'état de cette grosse question de la boucherie si importante à tous les points de vue pour l'agriculture et si digne d'appeler l'attention de tous les hommes sérieux. La liberté du commerce de la boucherie à Paris est certainement une excellente chose, nous en espérons les meilleurs effets, à la condition qu'un marché unique, la suppression de quelques intermédiaires, la diminution des droits d'octroi et d'abattoir viendront bientôt améliorer encore la situation ; mais il ne faut pas compter cependant qu'avec les conditions qui sont faites à la culture et le prix si élevé des fourrages, il soit possible aux agriculteurs de livrer la viande à bas prix. — Diminuer ce prix dans des mesures injustes, c'est tuer la production, il faut le répéter sans cesse dans l'intérêt même du consommateur.

CHAPITRE IV

STATISTIQUE — ALIMENTATION — AMÉLIORATION

Statistique et produit annuel des bêtes bovines de la France. — Races de travail. — Races à lait et de boucherie. — Moyens d'améliorer les races. — Inconvénients des améliorations tentées dans de mauvaises conditions. — Influence de l'alimentation sur l'amélioration des races. — Ration d'entretien. — Ration supplémentaire et ses bénéfices.

Il est bon de préciser le mouvement ascendant que subit la population bovine de la France ; il y a, dans les chiffres qui l'indiquent, de consolants présages. Les concours institués depuis quelques années ont fait naître une vive émulation pour l'amélioration de toutes nos races, ils ont inspiré le goût d'un bétail plus beau, mieux soigné, et on peut espérer que le progrès sera plus sensible encore dans l'avenir que dans le passé.

Le recensement de 1812 constatait que le nombre des bêtes bovines en France était alors de 6,681,952.

Le recensement de 1857 porte le nombre des bêtes bovines à 9,936,538 ainsi divisées : bœufs, 4,502,000 ; vaches, 4,628,000.

On voit donc que, de 1812 à 1857, il y a une augmentation de 67 pour 100 sur la population bovine de la France, et il est certain qu'une augmentation proportionnelle s'est encore produite depuis 1857.

Jacques Bujault, prenant pour base le recensement de 1857, a calculé que, au minimum, les 9,150,000 animaux recensés donnaient un produit annuel de 284,700,000 fr., qui pouvait, par des améliorations, être porté à 319,700,000 fr.

Telle est l'importance de cette branche du revenu territorial.

Les races bovines qui couvrent la surface de la France comprennent deux catégories bien distinctes : les *races de travail* et les *races à lait et de boucherie.*

Les animaux appartenant aux *races de travail* ont bien, aussi, pour fin dernière la boucherie, mais ils doivent, avant tout, remplir une première condition économique, la culture du sol, qui repose tout entière sur leur aptitude au travail. On ne saurait donc sans danger ou sans perte modifier très-profondément cette aptitude ; il ne faut pas, tout en cherchant à réunir à un certain degré dans la même race deux des qualités constitutives de l'espèce bovine, s'attendre à ce que le meilleur animal de trait soit en même temps le meilleur animal de boucherie. Un bœuf ne peut être à la fois lourd sur la balance et léger à la marche, lymphatique et sanguin, mou et vif, sobre et facile à engraisser.

Les *races à lait* et les *races de boucherie* appartiennent à une seule catégorie. C'est une même disposition organique qui tantôt transforme les aliments en lait, tantôt les transforme en graisse : ce fait est constaté par la pratique. Lorsque les Bakewell et les Charles Colling voulurent créer des races précoces et faciles à engraisser, ils agirent en alliant entre eux les animaux de la parenté la plus rapprochée, par les croisements *in and in* (en dedans), dont la propriété bien connue est de donner des produits d'un tempérament lymphatique.

Ce résultat d'ailleurs est accepté par la science : M. Boussingault, après avoir rapporté des expériences à l'appui de ce phénomène, s'exprime ainsi : « Il existe donc entre la sécrétion du lait et l'engraissement une relation évidente, que confirmerait encore au besoin une note que nous devons à l'obligeance de M. Yvart, et qui résume une longue suite de faits. « La sécrétion du lait, dit ce savant vétérinaire, semble alterner avec celle de la graisse. Quand une vache laitière engraisse, la lactation diminue. »

Races énergiques d'un côté, *races lymphatiques* de l'autre. Ce sont là deux grandes divisions qui me semblent logiques, conformes aux faits existants, qui sont acceptées depuis longtemps par l'opinion publique, et qui n'excluent pas cette *spécialisation* des services si judicieusement imaginée par les Anglais, spécialisation que l'on préconise vivement en France maintenant, mais qui ne peut recevoir d'application absolue que dans la grande culture.

A la science et à la pratique réunies, il appartient de communiquer à une race les qualités qui lui manquent par des croisements intelligents. C'est là ce qui constitue le progrès et sollicite les efforts de tous les agriculteurs.

C'est par les mâles que je conseillerai toujours d'agir quand on voudra soit augmenter la taille, soit diminuer la grossièreté d'une race, mais tout changement de cette nature doit commencer par un changement dans la nourriture. Tenter d'améliorer une race en dehors des conditions d'alimentation qui lui sont propres, c'est vouloir l'impossible, c'est aller au-devant d'un insuccès : on n'obtient ainsi que du décousu dans les formes et l'on détériore la santé, heureux lorsqu'aux mécomptes ne s'ajoute pas le ridicule.

Un habile agriculteur a dit : « L'amélioration des animaux est dans l'abondance de la nourriture. Pour améliorer les races, il faut les bien nourrir.

« Dépenser de l'argent en achats d'animaux étrangers ou d'animaux indigènes avant d'avoir pourvu à leur nourriture, c'est bâtir sur le sable, ou bâtir une maison en commençant par le toit.

« Tout se tient en agriculture : l'amélioration du sol amène celle des animaux; mais c'est par la terre qu'il faut commencer, parce que tout vient de là. »

Il vaut mieux mille fois encore conserver une race indigène pure avec ses imperfections, mais avec sa sobriété, sa facilité d'élevage et son acclimatation parfaite, que de tenter des améliorations sans les conditions de soins et de nourriture exigées. A chacun à calculer où est son intérêt; et, s'il faut se défier de la routine, il faut bien plus encore ne pas se hasarder dans des expériences mal faites dont la non-réussite a pour effet ordinaire de retarder pour longtemps le progrès.

L'influence de la nourriture sur les animaux est pour ainsi dire toute-puissante et mathématique. L'expérience et les livres sont bien d'accord là-dessus. — La ration doit être proportionnée au poids de l'animal qui la reçoit : d'après MM. Riedesel et Boussingault, elle doit être par jour de 1/60e du poids vivant, s'il s'agit seulement de l'entretien de l'animal; s'il s'agit de faire produire à celui-ci de la viande, de la graisse ou du lait, cette ration doit aller jusqu'au double, c'est-à-dire 1/30e. « Et alors, dit M. Boussingault, en parlant des expériences de M. Riedesel (tout en les considérant comme présentant des résultats un peu trop favorables, comme donnant, peut-être, le maximum du pouvoir nutritif du foin ou de ses équivalents), on peut admettre, avec cet habile agriculteur, que 10 kil. de foin produisent environ 10 litres de lait, ou bien par à peu près 1 kil. de viande contenant 250 grammes de graisse. »

Les résultats obtenus par un de nos plus habiles éleveurs, M. de Béhague, confirment ces faits. Il calcule que ses bœufs à l'engrais consomment, par jour, 3 pour 100 de leur poids, et que leur poids augmente de 20 à 25 kilog. par mois.

C'est donc *six fois* à *douze fois* son poids en fourrages secs qu'un animal, suivant sa destination, doit consommer dans un an. Cependant il ne faut pas croire que des matières dont les principes nutritifs sont très-condensés, comme les grains et les farines, si elles sont données en moindre quantité que les fourrages secs, remplissent le même but. L'estomac a besoin d'être rempli, sa capacité est proportionnée à la nature des aliments dont se nourrit l'espèce et aux besoins particuliers à chaque individu : sous l'influence seule d'une plénitude suffisante, l'estomac fonctionne utilement, c'est-à-dire au plus grand profit de l'éleveur. En outre, un changement de nourriture est nécessaire de temps en temps aux animaux tenus à l'étable; ils finissent par se dégoûter d'aliments qui sont constamment les mêmes, et ils obéissent ainsi sans doute à une loi de nature, qui met la variété en tout : les prairies permanentes dont la composition est si diverse, sont bien plus favorables aux animaux que le produit unique de nos pâtures artificielles.

Que l'on juge de ce que peut une nourriture abondante distribuée avec intelligence, par ce fait que me racontait un habile éleveur. Il acheta 48 fr. une petite vache bretonne, fort laide, mais qui paraissait bonne laitière. Il lui donna un taureau de Durham, et de ce croisement naquirent de fort jolis veaux : il les éleva avec soin, et tous atteignirent les plus hauts poids; l'un d'eux a été vendu 1,100 fr.; les autres, des prix presque aussi élevés.

Ce te question de l'alimentation du bétail a une telle influence sur sa production, que, pour la traiter, j'ai cru nécessaire de m'écarter un instant du cadre que je m'étais tracé.

CHAPITRE V

PRINCIPALES RACES FRANÇAISES

Un classement bien précis des races françaises selon leurs aptitudes ne me semble pas possible; je vais indiquer seulement les principales races, en les classant selon leur aptitude prédominante.

Les principales races laitières de France sont les races normande, flamande, comtoise et bretonne.

Les principales races de travail françaises sont celles du Charollais, du Morvan, de Parthenay et de Chollet, du Mans, de l'Auvergne, d'Aubrac, du Limousin, de la Garonne, de Bazas, de Gascogne, des Landes et des Pyrénées.

Une seule race peut-être, en France, réunit à un haut degré les conditions essentielles aux animaux de travail et en même temps les qualités propres aux animaux de boucherie et de laiterie, c'est la race d'Auvergne : je la classe cependant parmi les races de travail, parce qu'il n'est pas de race qui lui soit supérieure sous ce rapport. En effet, s'il est vrai que l'une des branches les plus importantes de l'agriculture de l'Auvergne consiste dans les produits de la laiterie, et que de riches pâturages y développent l'aptitude laitière chez la vache, il est incontestable aussi que ces vaches sont moins bonnes laitières que celles de la Flandre ou de la Normandie, tandis qu'il n'y a pas de bœuf aussi bien doué que le bœuf auvergnat comme bête de labeur.

Je n'ignore pas qu'un petit nombre de races ou de sous-races peu connues, et en définitive peu importantes, ne seront pas mentionnées dans cet ouvrage; mais il m'a semblé que je devais chercher plutôt les proportions d'une étude large et succincte que celle d'une nomenclature minutieuse, qui eût entraîné d'inévitables obscurités.

I. — Race normande

Les départements de la Manche et du Calvados sont les deux grands centres de production et d'élevage de la belle, nombreuse et importante race bovine de Normandie. On dit, en général, que la Manche fait naître, et que le Calvados élève et engraisse. Prise dans un sens général, cette assertion peut être vraie; mais elle ne l'est pas dans un sens absolu : on élève dans de moindres proportions dans le Calvados que dans la Manche, mais on y élève, et les animaux d'une taille moins haute, d'un poids moins considérable que ceux de la Manche, y sont d'une finesse et d'une qualité infiniment supérieures. C'est entre Caen et Lisieux que les qualités laitières des vaches et la régularité de leur conformation ont été l'objet de soins plus particuliers. Elles portent le nom de *vaches de pays* et de *vaches de Hollande*, et cette dénomination semble indiquer une importation étrangère encore récente.

La race cotentine et la race de la vallée d'Auge sont tantôt désignées comme deux races parfaitement distinctes, tantôt comme ayant une seule et même origine. La dernière supposition me semble la plus probable, et il suffit des différences de soins, d'hygiène, de nourriture, de la diversité des vues qui ont dirigé les croisements de la race depuis un grand nombre d'années, pour expliquer les modifications qui ont pu être apportées au type primitif commun. Il n'en est pas moins vrai que deux races qui se distinguent par des qualités diverses et des différences tranchées existent maintenant en Normandie : la grande race et la petite race.

Grâce à ses plantureux herbages, le Cotentin donne un développement extraordinaire à ses animaux, mais, il faut le dire, sans augmenter leurs qualités : la taille, le poids semblent avoir été la préoccupation exclusive des éleveurs; on pourra se faire une idée de la masse énorme que présente un bœuf de cette contrée, par les renseignements suivants sur quelques-uns des bœufs gras promenés dans Paris lors des exhibitions populaires du carnaval.

Le bœuf gras de 1844 avait 1m 90 de hauteur, 2m 97 de longueur, et 3m 25 de circonférence. — Un de ses rivaux de la même année pesait 1,370 kilog.

Le bœuf gras de 1845 (*le père Goriot*), âgé de six ans, pesait 1,970 kilog.; il a produit 999 kilog. de viande nette et 125 kilog. de suif.

Le bœuf gras de 1846 avait 2m 46 de hauteur.

Le bœuf gras de 1847 (*Monte-Cristo*) pesait 1,902 kilog., et il était inférieur, en poids et en taille, à un autre bœuf, *Mina*. —

La préférence ne lui fut accordée sur ses rivaux qu'à cause de sa belle conformation et de son excellent engraissement. Il y avait sur le marché de Poissy, le jour où il fut choisi, 1,800 bœufs de tous pays.

Le Cotentin a deux variétés de bétail : la grande variété (grav. 1), qui est la race de boucherie la plus recherchée ; la petite variété, qui est la race *bringée*, race de laiterie surtout. La ligne de démarcation entre ces deux races est cependant assez difficile à établir, parce que des croisements entre elles ont été pratiqués de tout temps.

La viande du bœuf cotentin est estimée, mais sa conformation est défectueuse.

Il est serré des hanches, étroit du thorax ; il a le dos voûté, le corps long, le ventre volumineux, le flanc creux ; son engraissement n'est pas précoce, et cependant les éleveurs cotentins, ceux de Saint-Lô surtout, ont pour lui une admiration si exclusive, qu'ils n'admettent pas la possibilité d'une amélioration quelconque. Ils se sont souvent attiré, et à juste raison, de la part de leurs compatriotes plus éclairés, le reproche d'entêtement fatal dans une routine qui peut les mener à la ruine.

Que se passe-t-il, en effet, en Normandie? Confiants dans leur sol privilégié et dans les qualités incontestables de leur grande et belle race de bestiaux, les éleveurs du Cotentin, du Bessin et du pays d'Auge laissent au hasard la reproduction de leur race et résistent, non-seulement à l'introduction des Durham, mais même à l'emploi des méthodes les plus rationnelles pour le perfectionnement de leur race par elle-même, ce qui, dans tous les pays où on élève des bestiaux, est accepté sans contestation. En même temps, le Nivernais, le Cher, la Vendée, la Bretagne, l'Auvergne, le Limousin et les plaines de la Garonne font les efforts les plus énergiques pour perfectionner leurs races, que les voies de fer rapprochent des marchés sur lesquels autrefois personne ne venait faire concurrence aux bœufs normands. Le Nivernais, le Cher et la Vendée, la Saintonge et les Landes, montrent déjà en plus grande quantité des animaux bien engraissés, et engraissés à meilleur marché qu'en Normandie. Pendant ce temps-là, le gouvernement, cédant aux représentations si justes des contrées qui ne fournissent que des animaux de petite taille et de faible poids,

Grav. 1. — Vache normande cotentine; appartenant à M. Jules Bastard; 1er prix au concours régional de Caen en 1854.

a décidé que désormais les animaux de boucherie doivent payer le droit d'octroi non plus par tête, mais proportionnellement à leur poids; de telle sorte que des bœufs de 300 kilog., qui, autrefois, payaient le même droit que les bœufs de 1,200 kilog., ne payent plus que le quart du même droit, et que les bœufs normands perdent ainsi le privilége que leur donnait leur poids considérable dans l'ancien système. Enfin je prévoyais déjà, en 1851, ce qui est advenu depuis, l'abaissement, ou même la suppression des droits d'entrée sur les bestiaux étrangers. *La viande à bon marché*, disais-je, est un cri populaire; et les meilleurs esprits, séduits par le désir d'accorder ce bienfait à leur pays, pourront bien se laisser entraîner, sans réfléchir peut-être assez, à la cruelle atteinte qu'ils porteraient à notre agriculture nationale, par un abaissement exagéré des droits d'entrée. C'est ce qui a eu lieu, en effet; mais diverses circonstances qui ont déterminé l'opportunité de la mesure prise par le gouvernement ont en même temps beaucoup atténué les dangers qu'elle me semblait présenter pour la production française, et désormais les droits ne seront plus relevés.

La Normandie a-t-elle bien compris que tout ceci peut devenir pour elle une cause de ruine, si elle demeure stationnaire, si elle n'avance pas dans la voie du progrès? Non, et l'on ne comprend pas qu'un peuple dont l'intelligence est proverbiale, auquel la nature prête son concours le plus généreux, s'endorme dans une si funeste confiance.

La résistance opposée par les éleveurs normands à l'introduction du sang de Durham est moins extraordinaire; elle peut avoir un côté logique. Bien que je ne partage pas leur opinion, victorieusement combattue par des faits récents, je dois convenir que cette résistance s'explique. Les éleveurs disent que l'industrie laitière est la plus profitable à leur agriculture, et ils ne veulent pas que les facultés laitières, fort remarquables, de leurs vaches risquent de subir aucune modification par le mélange d'une race à cet égard inférieure à la race normande.

Les vaches du Cotentin et du Bessin donnent, en effet, un lait abondant; mais on lui reproche d'être séreux, de renfermer fort peu de butyrum, ce qui est déplorable quand le beurre est l'industrie favorite du pays, la transformation la plus profitable du lait.

M. de Sainte-Marie, inspecteur général de l'agriculture, a constaté, dans une série d'expériences faites d'après la méthode Guénon, en Normandie, que chez M. Leloutre, fermier de M. Adeline, de Blay, il faut l'énorme proportion de 35 litres de lait pour faire un kilogramme de beurre, tandis qu'on obtient le même rendement avec 16 ou 18 litres de lait de certaines vaches bretonnes.

Le rendement ordinaire d'une vache normande est de 22 litres de lait; quelques-unes donnent jusqu'à 40 litres; on assure qu'une vache laitière laisse en moyenne, tous frais de nourriture payés et son veau nourri, un bénéfice net de 150 fr. par an. Aussi les vaches normandes sont-elles recherchées pour les laiteries, qui visent beaucoup plus, malheureusement, à la quantité du lait qu'à sa qualité, et se vendent-elles à des prix élevés. Tous les ans, les départements de la Manche et du Calvados exportent plus de mille génisses pleines qu'on revend dans les environs de Paris, dans la Seine-Inférieure, etc., sous le nom d'*amouillantes*.

Les produits de la laiterie sont, comme je l'ai dit, le plus clair bénéfice des exploitations agricoles. Le beurre de Normandie, du Bessin surtout, a acquis une grande renommée; et on jugera de l'importance de son commerce par ce fait que la petite ville d'Isigny, sans compter ses environs, qui expédient directement leurs produits à Paris, exporte annuellement 2,800,000 kilog. de beurre, qui représentent une valeur de *cinq millions* de francs.

Gournay, de son côté, fournit chaque année à Paris 1,500,000 kilog. de beurre.

Si la Normandie se fait modeste, se contente de garder une certaine supériorité pour les produits de la laiterie, et ne prétend pas conserver à ses animaux de boucherie le rang qu'ils ont occupé jusqu'ici; si elle dit aux pays qui lui font à cet égard une rude concurrence: « Mon affaire est de produire du beurre, et je vous laisse la palme pour les bêtes de boucherie; » si elle avoue qu'elle ne peut lutter, pour le bon marché de la production de la viande, avec des pays où la rente de la terre est à un prix moins élevé, avec le Nivernais et le Charollais, par exemple, et que ces pays peuvent fournir à 50 centimes ce qui lui en coûte 60 ou 70, sa résistance peut s'expliquer; mais la Normandie aurait tort de laisser poser ainsi la question, et la nature l'a trop généreusement dotée pour qu'elle ne puisse pas prétendre à un rôle plus considérable.

Elle a une race de très-haut poids, qui ne manque pas de finesse, et dont la viande est excellente ; elle a, aussi, des herbages d'une végétation luxuriante, d'une verdure éternelle, et où l'homme n'a d'autres soins à prendre que de surveiller le bien-être des animaux qu'il y élève. Avec de pareilles richesses, la Normandie ne doit pas se laisser distancer par des pays qui ne possèdent que des races d'un faible poids et de médiocres pâturages. La science agricole, l'amour du progrès, seraient-ils donc des biens interdits à ceux que la nature favorise matériellement ? Non, ils appartiennent à tous, et tous doivent en profiter.

Non-seulement la Normandie devrait apporter à la propagation et au perfectionnement de sa race un soin qui lui est inconnu, mais elle devrait encore ne pas repousser l'introduction d'une race étrangère, dont les qualités sont éminentes comme race de boucherie, et fort loin d'être à dédaigner comme race à lait : je veux parler de la race de Durham (grav 2). Mon opinion à cet égard ne peut être suspecte ; car c'est après avoir recommandé une grande réserve dans l'emploi du sang de Durham, et même son exclusion des pays où l'espèce bovine est consacrée avant tout au travail, que je le recommande dans des contrées où l'on élève pour la boucherie, et dont les animaux, loin de rendre aucun service, consomment beaucoup et augmentent leur prix de revient jusqu'au jour où ils sont abattus. Il est évident que les cultivateurs de ces contrées ont un grand avantage à rendre leur bétail plus précoce, et à lui donner les formes les plus propres à favoriser la transformation de la nourriture en graisse ou en viande.

Cette opinion est celle des hommes qui doivent, par leur habileté et leur dévouement, inspirer le plus de confiance à la Normandie : MM. de Kergorlay, Hervé de Saint-Germain, de Torcy, d'Eurville, de Grangues, ont saisi toutes les occasions de faire passer leur conviction dans l'esprit de leurs concitoyens. M. de Grangues écrivait, dès 1846, dans un mémoire lu à la Société d'agriculture de Pont-l'Évêque :

« Ne croyez pas que je me laisse entraîner par des préventions; j'ai défendu le terrain pied à pied avant de me rendre à l'évidence; et, si je viens vous conseiller l'emploi du taureau de Durham pour la régénération de notre race bovine, ce n'est pas sans y avoir réfléchi mûrement, et sans avoir pesé les qualités et les défauts des deux races qu'il s'agit de croiser.

Grav. 2. — Vache Durham-normande; appartenant à M. de Laboire, 1er prix du concours général de Paris en 1854.

« Une charpente osseuse peu saillante, une peau moelleuse, une construction écrasée, prédisposent la race de Durham à un amendement facile et précoce. Cherchez les mêmes conditions chez la race augeronne, et vous reconnaîtrez que ce sont là ses parties défectueuses : elle ne peut donc que gagner à être mêlée avec le durham pur.

« Il ne sera peut-être pas hors de saison de rappeler ici ce qui s'est passé aux concours nouvellement institués à Poissy. Les honneurs n'y ont point été pour nous. L'on a laissé à M. Cornet la pompe triomphale de l'*Apis moderne*, en compagnie du Temps et de l'Amour ; mais le triomphe réel a été pour M. de Torcy, éleveur du département de l'Orne. »

M. de Torcy[1], en effet, a donné à la Normandie cet enseignement par les faits, par le succès, le plus persuasif de tous les enseignements. Aucun bœuf normand de race pure n'a pu lui disputer les prix qu'il remporte annuellement au concours de Poissy; et, depuis longtemps, en homme ami de son pays, il ne cache pas les raisons de ses triomphes, et les méthodes, les croisements qu'il emploie pour mener ses bêtes de boucherie au rare degré de perfection où elles arrivent. Dès 1844, et en rendant compte du concours de Poissy, M. de Torcy écrivait :

« En sacrifiant la forme à la taille pour les bœufs destinés à l'engraissement, la Normandie est entrée dans une mauvaise voie de production. Il ne s'agit plus de parler aux yeux de la foule par des masses ambulantes, des sortes d'éléphants : on veut aujourd'hui des animaux plus parfaits de conformation, parce qu'une bonne conformation chez un animal destiné à la boucherie est un moyen de produire une plus grande quantité de viande, et, par conséquent, de la produire à meilleur marché. »

M. Hervé de Saint-Germain, représentant de la Manche et président de la Société d'agriculture d'Avranches, s'exprimait ainsi dans la séance du 19 octobre 1850 :

« Il nous faut une race d'un entretien et d'un engraissement

[1] M. le marquis de Torcy vient de mourir, et sa perte laisse de profonds et unanimes regrets. M. le marquis de Torcy n'était point seulement un éleveur distingué, la grande prime d'honneur est venue, en 1858, le signaler comme un éminent agriculteur et récompenser les services qu'il a rendus à son pays.

faciles, quels que soient d'ailleurs son poids et son volume ; une race donnant à la boucherie beaucoup de viande et peu de déchets, une race précoce et mûre de bonne heure, c'est-à-dire pouvant recevoir l'engraissement dès l'âge de quatre ans au plus tard, puisqu'il est certain que le travail ne peut compenser les frais de nourriture dans les conditions où notre agriculture est placée.

« Notre race, telle qu'elle existe actuellement, réunit-elle à un degré suffisant ces conditions d'engraissement facile et précoce, de rendement avantageux ? Sans doute, les avis peuvent être partagés à cet égard ; mais voilà ce que la majorité de la Société n'a pas cru, voilà ce qu'elle ne croit pas encore, en présence des faits qui se révèlent tous les jours de cette dépréciation tenace dans nos produits, si déplorable parmi nous, et pourtant moins sensible dans d'autres contrées.

« Le remède véritable, les moyens les plus sûrs d'amélioration ne sont pas encore connus. Un meilleur système d'élevage, le choix persévérant des taureaux les plus tendres et les mieux appropriés dans notre race même, une nourriture plus abondante donnée dès le jeune âge, sont exclusivement recommandés par quelques agriculteurs. Évidemment ce sont d'excellentes pratiques, destinées à nous rapprocher du but de nos efforts ; ce sont des corollaires obligés de tous les systèmes. Mais la Société a pensé qu'elle pouvait et devait y ajouter l'essai d'une méthode qui a réussi sur plusieurs points, l'essai du croisement avec une race créée précisément dans la vue des nécessités qui nous pressent, avec la race de Durham, à laquelle appartiennent les taureaux que nous avons achetés. Les résultats déjà anciens que notre Société avait sous les yeux n'étaient pas de nature à la décourager dans l'emploi de ce moyen. Si ma voix avait quelque puissance, j'inviterais nos collègues et tous les éleveurs de notre arrondissement à essayer ce croisement eux-mêmes sans parti pris, sans prévention favorable ou contraire, et à nous rendre compte de leurs essais avec cet esprit de critique impartiale auquel ils nous ont habitués : l'expérience seule justifiera raisonnablement ou la préférence ou la répugnance qu'ils pourraient éprouver aujourd'hui. Le moyen, en un mot, est livré à l'examen et aux recherches ; le but seul est absolu. Modifier notre race dans le sens des conditions et des exigences nouvelles, ou voir notre prospérité décroître et nos souffrances persister, telle est l'alternative dans laquelle nous sommes placés. Intelligents et animés de la passion du bien public, tous nos cultivateurs n'hésiteront pas à choisir la première combinaison. »

Enfin, dans son rapport au jury central de l'exposition de 1849, sur les animaux de l'espèce bovine, M. de Kergorlay s'exprime ainsi en parlant des croisements des taureaux de Durham avec des vaches de plusieurs races françaises :

« Ces croisements ont été diversement appréciés; dans les premières années ils ont eu à vaincre quelques préjugés; mais aujourd'hui les observations les plus scrupuleuses des cultivateurs les plus éclairés, faites dans des pays très-différents les uns des autres, ont mis hors de doute que cette race avait une prédisposition remarquable à l'engraissement précoce; qu'elle communiquait, dès le premier croisement, cette prédisposition, à un degré plus ou moins élevé, aux animaux de nos races indigènes, surtout à ceux qui appartiennent aux races normandes, charollaises et flamandes; qu'à ce premier degré de croisement l'influence du sang de Durham, en améliorant les formes d'une manière très-remarquable, n'altérait ni l'aptitude à la production laitière, *ni l'aptitude au travail*[1]; qu'enfin elle produisait de la viande à un prix notablement inférieur à celui auquel reviennent nos animaux indigènes quand ils sont en état d'être livrés à la boucherie. En effet, sauf la période des dix-huit premiers mois de leur existence, où ils ont besoin d'aliments plus substantiels que ceux que nous avons l'habitude de donner à nos jeunes animaux, les produits du croisement consomment beaucoup moins d'aliments que les animaux des races indigènes, et arrivent beaucoup plus promptement, plus facilement à l'état d'engraissement. Les animaux présentés à l'exposition par MM. de Béhague, d'Herlincourt, Auclerc, etc., ont pleinement confirmé ces résultats, qu'on peut regarder désormais comme incontestables. »

M. de Kergorlay est un habile éleveur du Cotentin; il a fait partie de tous les jurys du concours de Poissy, et personne n'est plus en état que lui d'apprécier l'influence du sang de Durham sur la race normande.

A l'appui de son affirmation, que le mélange du sang de Dur-

[1] A mon sens, cette assertion, quant au travail, est tout à fait erronnée.

ham n'altère pas la production laitière, je puis citer un exemple qui m'a été rapporté par M. Hervé de Saint-Germain. Il acheta en 1857 un taureau de la vacherie du Pin, né chez M. Whitaker, qui attache de l'importance aux facultés laitières de ses vaches de Durham : ce taureau, nommé *Duke*, a fait la monte pendant plusieurs années à la ferme du Perron, près Avranches (Manche), et il a produit un grand nombre de vaches laitières excellentes, et très-souvent supérieures à celles du pays. Parmi les vaches issues de ce croisement, j'en citerai une qui donnait 22 litres de lait par jour; elle appartenait à M. Gabriel Gilles; une autre, à M. Ledru, donnant de 18 à 20 litres.

D'autres taureaux de Durham ont fait aussi la monte dans le département de la Manche. Parmi les bonnes laitières qui en proviennent, on peut citer une vache de M. de Blangy donnant 24 litres de lait, à trois ans, après son premier veau; une autre à M. Paris, de Saint-Lô, donnant aussi, après son premier veau, 20 litres; une à M. Méviel, donnant 22 litres à deux ans et demi, après son premier veau; une à mademoiselle Lécuyer, donnant 24 litres, après son premier veau; une à M. de Bellefonds, à Montreuil, donnant 24 litres, après son premier veau. Dans la Seine-Inférieure une vache de croisement appartenant à M. Dargeur, cultivateur près Fécamp, donnait, après son second veau 28 litres de lait par jour.

Enfin, M. de Fontenay, grand éleveur de l'Orne, disait, il y a peu d'années, qu'*Alba*, primée au concours de l'Association normande, et née d'une cotentine et du taureau durham *Hartforth*, était la plus belle et la *meilleure* vache qui fût jamais entrée dans ses étables.

Quant à l'aptitude au travail du bœuf produit par les croisements durham-normands, cela a peu d'importance, car ce n'est pas un travail sérieux que l'on fait faire aux bœufs en Normandie; les chevaux y sont presque exclusivement employés à la culture, et c'est plutôt pour montrer une belle paire de bœufs que pour en obtenir des services, qu'on les envoie quelquefois traîner, de concert avec des chevaux, une charrue que la moitié de l'équipage manœuvrerait aisément.

Les bœufs normands ne sont point, d'ailleurs, absolument impropres au travail ; certains éleveurs du Nord, qui font naître des veaux pour la boucherie, les occupent avec succès en leur donnant un travail modéré, qui est même favorable à leur santé et à leur développement.

Un fait fort remarquable et qui devrait attirer l'attention des éleveurs de la Normandie, c'est que les bœufs normands sont en grande majorité aux marchés ordinaires de Sceaux et de Poissy, mais qu'ils n'y paraissent pas le jour du grand concours de Poissy. Redoutent-ils la comparaison avec les bœufs salers, limousins, garonnais, landais, charollais qu'on envoie avec empressement, à grands frais et chaque année plus nombreux, figurer à ces solennités? Je suis forcé de le croire.

En vérité, je le répète, la Normandie ne se rend pas justice; elle a tous les éléments de succès, et s'il lui faut adopter quelques modifications dans le mode d'élevage ou même dans la constitution de sa race, elle ne manque pas de guides et d'avertissements. En un temps comme celui-ci, ne pas marcher, c'est reculer, et reculer pour une industrie, c'est laisser les concurrents la devancer, la ruiner, l'annihiler.

2. — Race flamande

La race flamande a, sans aucun doute, une origine commune avec la race hollandaise et les diverses variétés remarquablement laitières qui peuplent le littoral de la mer du Nord. — La race flamande a fréquemment subi les croisements de la race hollandaise qui n'ont pas été sans influence sur son pelage, et cependant la vache flamande ne rappelle en rien les belles et puissantes formes de la vache hollandaise. Sauf quelques améliorations, dont je donne ici un spécimen (grav. 5), elle est mince, haute sur jambes, grêle et anguleuse; elle a la côte plate et les hanches tombantes; mais, à côté de ces défauts de conformation, se révèlent les indices d'éminentes qualités pour la laiterie et la boucherie : la peau douce, le poil fin et lustré, les os minces, la tête petite et expressive, les cornes courtes et délicates.

La couleur des animaux de cette race est d'un rouge brun, avec quelques taches blanches à la tête ou aux extrémités; très-souvent

Grav. 3. — Vache flamande appartenant à M. Dutfoy, 1er prix du concours agricole universel de Paris en 1856.

ils n'ont aucune marque blanche. Quelquefois des sortes d'étoiles, d'une nuance plus foncée que le fond, parsèment tout le corps de l'animal, et on assure que c'est là un signe de race et de bonne origine.

Il existait, dit-on, à la fin du siècle dernier, une race de vaches superbe en Flandre; mais elle fut détruite par les guerres de la Révolution et de l'Empire, et il n'en reste malheureusement maintenant que fort peu de traces. On semble même fort indifférent pour perfectionner les formes mauvaises de la race flamande actuelle, et on ne s'applique qu'à lui conserver ses qualités laitières.

Les soins de l'agriculture, en Flandre, sont tournés d'un autre côté, la terre y est si chère, si recherchée, la culture si avancée, que l'on manque en général et d'espace et de pâturages, et qu'on ne fait que fort peu d'élèves. On ne conserve les taureaux que jusqu'à l'âge de dix-sept à dix-huit mois, on les revend alors pour être exportés dans des pays qui entretiennent des vacheries, dans les environs de Paris, principalement dans la Brie. On trouve là quelques bons taureaux flamands, qui, employés avec suite et intelligence dans leur pays natal, y eussent certainement fait beaucoup de bien; tandis que, ne produisant que des veaux de boucherie dans les fermes des environs de Paris, ils ne perpétuent pas leurs qualités; on peut dire qu'ils vivent sans profit pour aucune race.

Les cultivateurs des environs de Lille, Avesnes, Hazebrouck et Bergues, ont des pratiques différentes pour l'élevage et l'entretien de leurs bestiaux : ces usages dérivent des conditions économiques fort diverses où se trouvent ces contrées.

Dans l'arrondissement de Lille, les troupeaux ne quittent pas l'étable. La terre se paye au poids de l'or; des engrais abondants augmentent encore sa fertilité naturelle ; un grand nombre de fabriques de sucre de betteraves et de distilleries fournissent des résidus en très-suffisante quantité pour alimenter les bestiaux, ce qui permet de les garder à l'étable.

Dans l'arrondissement d'Avesnes, on abandonne les bestiaux dans les bois ou dans les prairies pendant le jour, et on les fait rentrer à l'étable le soir.

Dans l'arrondissement de Dunkerque, et particulièrement à Bergues, on laisse les vaches dans les parcours pendant six mois consécutifs, la nuit comme le jour.

Dans les arrondissements de Cambrai et de Douai, les usages sont mixtes : on conduit les troupeaux sur les champs après les récoltes, et on les nourrit en partie au dehors et en partie à l'étable.

« C'est, dit M. Lefour, dans les plus riches pâtures de Bergues, Cassel, Bailleul, Hazebrouck, que l'on rencontre les types les plus purs, différenciés cependant encore par des nuances; ainsi, les bêtes de Bergues, dites *berguenardes*, sont plus corsées, plus près de terre, mais moins fines que les bêtes de Cassel ou *casseloises*; le cultivateur de Bergues et des Watteringues, à la fois engraisseur et éleveur, cherche en effet à maintenir sa race dans cette condition mixte d'aptitude à la graisse et au lait, qui lui permet de faire de sa génisse soit une bonne laitière, soit une bête de boucherie, si la première condition n'est pas remplie par l'animal; le canton de Cassel, au contraire, qui n'engraisse qu'exceptionnellement, tient surtout à développer chez ses élèves les qualités laitières. Le beau type laitier de Cassel s'étend d'un côté vers Bailleul, de l'autre vers Ledéghem, Wormhoudth, Bambecque, et ensuite sur une ligne allant à Bourbourg par Esquelbecq, Eringhem, Bringham; un centre assez remarquable d'élevage existe encore de Rubrouck à Millam. Vers Saint-Omer et Merville, la race, également belle, diffère peut-être par un peu moins d'harmonie dans les formes; dans les cantons de Bourbourg et de Gravelines, où les herbages sont plus rares et moins riches, la taille et l'ampleur diminuent. »

Le paysan flamand est d'une douceur et d'un soin parfaits pour les animaux qu'il soigne : il ne manquera jamais, pour prévenir les maux que leur causerait une vie trop sédentaire, de les faire sortir et promener dans des vergers, où le grand air, l'ombre des gros arbres, la distraction et l'exercice viennent ajouter leurs bienfaits aux avantages d'une bonne nourriture. Ce sont là, on le voit, les meilleures conditions pour maintenir des bestiaux en parfaite santé.

Le paysan flamand a une autre qualité fort louable et fort rare, c'est une extrême propreté. M. Cordier en parle en ces termes : « Dans aucun pays, peut-être, les habitants de la campagne ne connaissent aussi bien l'emploi du temps, et ne méritent mieux d'obtenir cet état d'aisance et de bien-être que l'on remarque généralement chez les paysans des environs de Lille. En entrant dans une petite ferme flamande, on est frappé de l'esprit d'ordre et de l'air de propreté qui se montrent partout. La vaisselle est nombreuse; beaucoup de vases sont en cuivre, toujours nettoyés et brillants; chaque jour la servante vigilante frotte avec du grès la pelle, les pincettes, la crémaillère, et autres ustensiles de ménage qui souvent manquent ailleurs ou sont toujours couverts de rouille Le samedi, la maison tout entière du plus pauvre cultivateur est lavée et frottée. »

Le laitage et le beurre sont, en Flandre, une partie essentielle de la nourriture du pauvre aussi bien que de celle du riche, et le beurre est un mets servi à tous les repas. Les ouvriers ont l'habitude de manger dans les champs, deux fois par jour, des tranches de pain frottées de beurre; et le café au lait, sans sucre, est leur déjeuner le plus habituel.

On élève ordinairement deux vaches sur trois hectares; elles sont soignées par les femmes de la maison, et donnent une grande abondance de lait. La moyenne du lait produit par une vache en pleine lactation varie de 20 à 30 litres par jour.

Une partie du lait frais est envoyée au marché, le reste sert à faire du beurre, du fromage à la crème, qu'on vend de même chaque semaine. Le lait de beurre suffit et au delà à la consommation du ménage de la ferme; le reste est donné aux génisses que l'on élève, ou aux cochons qu'on engraisse. Le produit journalier d'une vache laitière est d'environ 2 fr.; et le produit moyen de tout le troupeau, y compris les génisses, de 1 fr. 50 c., sans compter la valeur des veaux et celle des engrais.

Les pays de Bergues et d'Avesnes sont les seuls qui fabriquent des fromages; on en fait de maigres et de gras, en même temps que du beurre excellent, que l'on exporte en fort grande quantité.

Les environs de Bergues sont éminemment propres à l'engraissement des bestiaux, et M. Cordier en parle ainsi : « Le voisinage de la mer, et le grand nombre de canaux et fossés toujours pleins d'eau rendent la température douce, l'atmosphère humide, et la végétation de ces prairies presque perpétuelle. On laisse souvent les troupeaux dans les parcs depuis la fin de février jusqu'à la fin de décembre. Mais dans les derniers mois, et pendant les pluies froides, les vaches ne restent dans les pâturages que le jour; et, dans les mois de janvier et de février, on a l'usage de les faire sortir toutes les fois que la terre n'est pas fortement gelée.

« Autour de Bergues, les pâtures grasses sont plus estimées que les meilleures terres à labour. Les qualités du sol, l'usage, et une expérience éclairée, justifient cette préférence; aussi les cultivateurs aisés et instruits apportent tous leurs soins à augmenter la proportion de leurs pâturages, et à les améliorer par des saignées et des engrais. »

Les vaches laitières vivent dans les pâturages avec les bêtes à l'engrais, et on va les traire deux fois par jour. Seulement on ne les laisse pas l'hiver exposées à la très-grande humidité de ces plaines, plus basses que le niveau de la haute mer, et elles sont rentrées à l'étable pendant les six mois d'hiver.

Un recensement de 1813 portait le nombre des bestiaux à deux têtes par trois hectares pour l'arrondissement de Lille, et seulement une tête par 4 hectares dans l'arrondissement de Dunkerque, dont Bergues fait partie. Ce résultat est sans doute dépassé aujourd'hui et il ne laisse pas encore que d'être fort remarquable, si l'on observe qu'il ne s'agit ici que d'animaux de rente, et que la culture tout entière est faite par des chevaux.

J'ai cité tout à l'heure le travail si remarquable que M. Lefour, inspecteur général de l'agriculture, a publié sur l'espèce bovine des Flandres : c'est une monographie complète et qui traite, avec un soin minutieux, des procédés d'élevage et d'entretien de la race flamande et de ses dérivés; des cultures locales; de l'engraissement, des laiteries et des fromageries; des débouchés, des habitudes du commerce; de tout ce qui concerne en un mot, de près ou de loin, l'élevage dans cette région de la France. Ce premier volume d'un grand ouvrage relatif à toutes les races bovines, ovines et porcines de France, publié sous les auspices du ministre de l'agriculture et du commerce, avec un luxe typographique inconnu jusqu'ici dans ces sortes de publications, ne laisse rien à désirer et fait le plus grand honneur à son auteur. Ce livre réunit les données économiques et les renseignements statistiques les plus intéressants et de nombreuses gravures, d'une exécution irréprochable, mettent sous les yeux des lecteurs non-seulement tous les principaux types d'animaux, mais encore tous les objets en usage dans la vie rurale de ces contrées, les dispositions des étables et la vue des cours de ferme, des pâturages et des laiteries. Si un pareil travail est continué avec le même succès pour toute la France, nous pouvons dire avec certitude que ce sera un véritable monument et un ouvrage qui laissera bien loin derrière lui l'ouvrage si estimé de David Low, sur les principales races d'animaux domestiques de l'Europe.

3. — Race comtoise

La Franche-Comté renferme deux races très-distinctes, la *race femeline* et la race *tourache*.

La race femeline est la race de la plaine; elle occupe les bords du Doubs, de la Saône et de l'Ognon, et s'étend jusque dans les plaines de la Bresse, dont la race se confond avec la race femeline.

La race tourache, celle de la montagne, qui habitait la chaîne du Jura, qui sépare la Franche-Comté des cantons suisses de Neufchâtel et de Vaud, n'existe pour ainsi dire plus, et s'est confondue avec la race suisse, très-supérieure à elle, bien qu'il en existe encore des types, je n'en parlerai que pour montrer que la substitution de la race suisse à la race tourache a été un véritable progrès.

Les montagnes du Jura français sont couvertes de pâturages excellents, là paissent des milliers de vaches dont le lait est converti en fromage dont la fabrication est devenue une industrie rivale de celle de la Suisse, et fait la richesse du pays.

J'ai lieu de croire que M. Grognier et M. Ordinaire ont puisé, dans l'excellent ouvrage de M. Guyétant sur l'agriculture du Jura, les renseignements qu'ils ont donnés sur les races comtoises, C'est aussi à M. Guyétant que je crois devoir emprunter les détails si instructifs que renferme son livre sur ces races.

Les plaines de la Franche-Comté nourrissent cette race de bêtes bovine, dont le poil, généralement de couleur châtain clair, est désigné sous le nom de poil *froment*. Ces animaux (grav. 4) ont parfois aussi un poil blanc ou alezan clair, et se distinguent de la race de la montagne par les caractères suivants : ils ont la tête étroite et mince, les yeux plus rapprochés des cornes, qui sont moins épaisses et moins longues; le regard doux et tranquille, le cou beaucoup

4. — Vache comtoise, appartenant à M. Grappe; 1er prix au concours général de Paris en 1851.

plus grêle, le fanon moins pendant, la poitrine plus étroite, le train de derrière plus large, les cuisses plus saillantes, et le corps plus allongé. Ils ont les os moins gros et plus longs; ils sont d'une taille plus élevée, ont la peau plus mince sur le cou, plus épaisse sur les cuisses, plus mobile dans toute son étendue, et le tissu cellulaire plus lâche.

Cette race est docile; elle a les mouvements agiles; elle est facile à engraisser, et fournit une viande de bonne qualité et recherchée par les bouchers.

Lorsque le laboureur s'est servi de ses bœufs pendant sept à huit ans, il est assez ordinaire qu'il entreprenne de les engraisser pour les vendre. Il les tient alors enfermés à l'étable pendant trois ou quatre mois, et leur régime se compose de regain, de pommes de terre et de raves cuites, et mêlées avec de la farine de seigle, de fèves, de maïs et même de froment, délayés dans une certaine quantité d'eau. On leur donne aussi du marc de navette, résidu de la fabrication de l'huile exprimée de cette graine. Quand ces bœufs sont gras, on les vend soit à des bouchers du pays, soit à des marchands qui les conduisent sur les marchés de la Côte-d'Or, du Rhône ou du haut Rhin.

Les vaches de la plaine ont des qualités analogues à celles que nous avons signalées dans les bœufs. Le lait qu'elles fournissent est consommé dans les ménages, et n'est point réuni en commun pour la fabrication du fromage. On élève une grande partie des veaux, principalement dans le département de Saône-et-Loire.

Mais c'est surtout dans les hautes vallées du Jura, sur les montagnes qui les séparent du bassin de la Bienne, et dans le Grandvaux, que la race bovine prend une grande importance. — La fabrication des fromages, et le régime des *fruitières*, sont là un sujet d'observation fort intéressant.

Comme les produits de cette fabrication constituent une des principales ressources de ces cantons élevés, les vaches sont presque les seuls animaux qu'on y nourrit; et la richesse d'un propriétaire est estimée en raison des pâturages qu'il possède et du nombre de têtes dont se compose son troupeau.

L'espèce *tourache* proprement dite a le poil rouge foncé, épais et frisé sur la tête, hérissé le long de l'épine dorsale. Sa tête est forte, le chanfrein court et large, l'œil vif, les naseaux ouverts, les cornes grosses, courtes et écartées, le cou épais et court, le garrot élevé, le fanon prolongé jusqu'aux genoux, la poitrine large, les épaules écartées, le train de derrière un peu étroit, la peau épaisse et se chargeant de peu de graisse. Elle a le jarret bien coudé, le pied petit, et la corne très-dure.

Mais tous les ans, et depuis longtemps, l'industrie fromagère louait à la Suisse environ quatre à cinq mille vaches qui paissaient pendant les quatre mois d'été les pâturages du Jura français ; et on comprend que le rapprochement de ce bétail supérieur au bétail indigène ait introduit, en même temps que de notables améliorations, des modifications de pelages plus ou moins recherchés, suivant qu'ils rappellent ou non les types des meilleurs animaux ; ainsi, le poil noir ou noir taché de blanc sont les plus estimés, parce qu'ils sont évidemment l'indice d'une parenté rapprochée avec la race pie des cantons de Berne et de Fribourg, qui, comme je l'ai dit, a fini par remplacer la race tourache pure.

On trouve les plus belles vaches aux Rousses, à Septmoncel, aux Moussières, aux Bouchoux, et dans les cantons des Planches et de Nozeroy. Sur les pentes du bassin de la Bienne, dans les Grandvaux, la Combe d'Ain, elles sont d'un tiers moins grosses et ne produisent pas autant de lait.

Il est d'observation constante dans toutes les montagnes du Jura que, plus les pâturages sont élevés, plus les vaches qu'on y entretient donnent de lait. Cette observation correspond à celle qui a été faite sur la multiplication des genres et des espèces de plantes en proportion de l'élévation du sol. Cette grande variété de végétaux, et les qualités sapides et nutritives dont ils sont doués dans les hautes régions, expliquent déjà l'excitation des forces digestives et la sécrétion plus abondante de lait, qui sont encore favorisées, sans doute, par l'air vif, frais et très-oxygéné que les troupeaux respirent, par l'absence de toute chaleur accablante et de tout insecte importun. La prédominance dans le lait des principes butyreux et caséeux à mesure que la saison avance, prédominance qui, en automne, fait obtenir un tiers de beurre et de fromage de plus qu'au printemps, et qui coïncide avec la maturité des plantes et le refroidissement de l'atmosphère, me paraît encore confirmer cette explication.

M. Guyétant dit que les vaches sont bien pansées et tenues fort proprement dans la haute montagne; que les étables y sont vastes, bien aérées; que le défaut de fourrage ne permettant pas de fournir aux animaux de la paille pour litière, ils reposent alors sur un plancher qui recouvre le sol, et qui, pourvu d'une inclinaison suffisante, est nettoyé tous les jours. Il ajoute que, dans la basse montagne, les vaches, moins généralement privées de litière, habitent des écuries obscures et basses, dans lesquelles elles couchent sur la terre ou un pavé que recouvre presque toujours une couche épaisse de fumier, ce qui est à coup sûr moins salubre.

Il est bon de rapprocher de cette appréciation celle de M. Jullien, qui s'exprime ainsi : « Sur le versant helvétique, la vache aux mamelles fécondes, à la corne lisse, au pelage brillant, indices d'une santé vigoureuse, déploie cette allure dégagée, ces formes sveltes, cet air de santé qui en fait la meilleure et la plus belle vache du monde.

« Sur le versant français, au contraire, le pelage d'un fauve sale et toujours couvert de fiente, la corne terne, l'œil vitreux, les formes disgracieuses, étiolées, tout révèle chez la vache indigène le rachitisme, la misère et l'abandon.

« A quoi tient cet état d'infériorité de la race indigène? A quoi tient surtout la stérilité relative qui force l'agriculture française à emprunter chaque année à la Suisse, moyennant une redevance de 50 fr. par tête les 4 à 5,000 vaches qui paissent pendant les quatre mois d'été les pâturages du Jura français? Cela tient un peu sans doute à la distribution des étables, au pansage journalier, aux soins hygiéniques, si négligés par nos agriculteurs, et arrivés au contraire en Suisse à l'état de science. Mais cela tient surtout à ce qu'une distribution régulière de 150 grammes de sel relève chaque jour la nourriture de la vache suisse, tandis que la vache indigène en est à peu près entièrement privée[1]. »

C'est à la fin de mai ou au commencement de juin, suivant les localités et l'état de l'atmosphère, que, dans la haute montagne, on conduit les vaches dans les pâturages élevés; et c'est à cette époque que ceux qui tiennent à ferme des *chalets* y établissent leurs troupeaux.

Le troupeau d'un chalet se compose de 150 à 200 vaches; il y a

[1] Une oi de 1848 a diminué notablement le prix du sel, et, depuis lors, les vaches comtoises reçoivent la même ration de sel que les vaches suisses.

un *berger* pour 20 bêtes, et un *fruitier* pour 80 bêtes. La fabrication des fromages prend chaque année une nouvelle extension; il y en a de deux espèces : l'un, imité du *gruyère*, est nommé dans le pays *vachelin;* l'autre, ressemblant au *roquefort*, porte le nom de *septmoncel*.

Déjà, en 1822, époque à laquelle écrivait M. Guyétant, sur 400.000 kilogrammes de fromage que l'on fabriquait annuellement dans le Jura, on comptait au moins 350,000 kilog. de *vachelin* ou *gruyère*. Cette proportion a beaucoup augmenté depuis cette époque.

Le *gruyère* est le seul fromage dont la fabrication donne lieu aux associations connues sous le nom de *fruitières*.

Il existe deux espèces de *fruitières*, celles d'association et celles de propriété ou de fermage.

C'est de la Suisse que vient la pensée des *fruitières* par association; selon M. Moll, elle s'y présente sous des formes très-diverses, suivant les conditions de la propriété des pâturages alpestres.

Dans le Jura français, l'organisation des *fruitières*, calquée sur celle des *fruitières* du pays de Vaud, consiste dans la réunion d'un nombre de vaches qui varie de 50 à 200, dans la location d'un *chalet* convenable, et l'exploitation de l'entreprise commune, par une personne d'une capacité reconnue; — ou bien encore dans la fabrication en commun du fromage avec le lait apporté par les associés, chaque associé recueillant un produit toujours proportionnel à la quantité de lait qu'il a fournie, et dont il est tenu un compte exact chaque jour.

Les *chalets* de fermage louent habituellement, pendant l'estivage, les vaches qu'il leur serait impossible de nourrir pendant la saison d'hiver. Cette location varie de 25 à 50 fr., suivant la qualité des vaches. Une vache moyenne fournit annuellement de 85 à 90 kilog. de fromage de première qualité, 12 kilog. de fromage de seconde qualité, 8 kilog. de beurre, et, en outre, dit-on, un demi-litre de lait par jour pour les besoins du ménage.

Le fromage de *gruyère* ou *vachelin* de première qualité est vendu à des marchands en gros; son prix varie de 70 à 100 fr. les 50 kilog.; le prix du fromage de *septmoncel* est de 80 à 110 fr. les 50 kilog.

4. — Race charollaise.

La race charollaise (grav. 5) est une des races les plus anciennes, les plus belles et les plus connues de France. Son pelage blanc, ou café au lait clair, rend les animaux de cette race fort remarquables au premier coup d'œil, et un examen plus attentif révèle en eux d'éminentes qualités.

Elle prend son nom de Charolles, dans le département de Saône-et-Loire; elle a été transportée en Nivernais, vers 1789, par M. Mathieu, et ce sont maintenant les départements de la Nièvre et du Cher qui sont les principaux centres de production de cette race. Elle est aujourd'hui entretenue et perfectionnée par des cultivateurs d'une grande intelligence, qui apprécient très-haut ses qualités et corrigent chaque jour les imperfections de formes que l'on pouvait lui reprocher.

M. Massé et M. le comte de Bouillé, par exemple, ont des étables dont tous les animaux sont on ne peut plus remarquables par la régularité, la puissance de leur conformation, la finesse de leur peau, leur tendance visible à l'engraissement. Ces deux éleveurs attachent la plus grande importance à conserver leur race charollaise pure de tout mélange de sang étranger.

La race charollaise est grande, forte, rustique, énergique, et par conséquent éminemment propre au travail. Le Nivernais est fort accidenté : le transport et le labourage, dans ses terrains argileux-calcaires, y sont fort pénibles pour les bœufs, et il ne faut rien moins que leur vigoureux tempérament, la solidité de leurs pieds, leur sobriété, pour qu'ils puissent supporter le rude service qu'on leur impose. M. O. Delafond, dans son excellent ouvrage sur cette race, dit qu'on voit un grand nombre de ces bœufs, attelés par paires à une voiture à deux roues, parcourir chaque jour vingt à trente kilomètres, pour amener aux hauts fourneaux dépendants de l'immense usine de Fourchambault, 1,500 à 2,500 kilog. de minerai ferrugineux ou de charbon de bois, et après ce travail pénible, ne recevoir pour nourriture qu'une botte de 4 à 5 kilog. de

Grav. 5. — Vache charollaise, appartenant à M. le comte de Bouillé; 1er prix du concours universel de Paris en 1878.

foin par jour. On leur fait ensuite passer la nuit dans des herbages où ils ne trouvent souvent que fort peu à manger.

Quand, après quelques années de ce rude labeur, ils sont disposés pour la boucherie, leur viande est recherchée, particulièrement par les bouchers de Paris et de Lyon. Si la qualité de la viande n'atteint pas la supériorité de celle des bœufs de Chollet et de Normandie, leur rendement proportionnel en poids net est au moins égal, et des bœufs de M. Massé, primés au concours de Poissy, en 1845, 1847, 1850, et depuis, ont présenté des résultats excellents.

La précocité de cette race est remarquable, et ses bœufs sont généralement disposés à la boucherie dès l'âge de quatre à six ans. On les engraisse dans des pâturages où ils restent nuit et jour; car l'engraissement à l'étable, aux racines et aux farineux est rarement pratiqué en Nivernais. La sobriété de ces animaux et leur prédisposition à prendre la graisse sont si grandes, que, malgré le peu de soins qu'on leur donne et malgré la parcimonie que l'on met à les nourrir jusqu'à l'âge où ils peuvent travailler, il suffit d'un séjour de quatre ou cinq mois, sans travail, dans des prairies quelquefois médiocres pour amener ces animaux à un fort bon état d'engraissement. Les bœufs charollais atteignent le poids de 1,200 à 1,400 kilogrammes, poids vivant.

Mais il n'est pas de race qui réunisse toutes les qualités : celle ci n'est pas laitière ; c'est tout au plus si une belle vache charollaise nourrit suffisamment son veau.

Le Nivernais n'avait guère autrefois que le nombre de bêtes bovines nécessaire à la culture de ses terres; il n'en est plus ainsi maintenant. Le voisinage de Paris, l'excellente réputation de la race charollaise pour la boucherie, et surtout les besoins de la consommation favorisés par la facilité de cette race à prendre la graisse de bonne heure, ont multiplié peu à peu le nombre des éleveurs qui ont pour but principal la production de la viande. On élève maintenant dans le Nivernais un grand nombre de bœufs qui travaillent peu, et peu longtemps, et qu'on tue à l'âge de quatre à cinq ans : le seul département de la Nièvre, qui, en 1790, n'envoyait à la boucherie de Paris que 1,500 bêtes bovines, en fournit aujourd'hui plus de 20,000.

On a cherché à développer et à augmenter la propension et la précocité de l'engraissement dans la race charollaise, par le croisement de la race de Durham. Ces essais remontent à une époque assez reculée, à 1825. Ils sont différemment jugés, suivant le point de vue où l'on se place. Selon quelques cultivateurs, ces croisements ont des résultats merveilleux et sans inconvénients : l'engraissement des bœufs est plus précoce et à meilleur marché; leur rendement en viande de première et de seconde qualité est supérieur; leur conformation est plus parfaite; leurs facultés pour le travail ne sont en rien diminuées; les vaches sont meilleures laitières.

D'autres cultivateurs, au contraire, regardent la race charollaise comme perdue par suite de l'importation de la race de Durham dans le Nivernais : dans leur opinion le croisement durham diminue notablement la propension des bœufs au travail, rend leur engraissement impossible dans les herbages du Nivernais, altère la qualité de leur viande, rend les femelles inféconds, et altère la qualité de leur lait.

La vérité, c'est que le croisement de la race durham avec la race charollaise a eu d'admirables résultats pour les animaux destinés spécialement à la boucherie; que leur engraissement à l'étable est devenu plus précoce, plus économique; leur rendement en viande nette plus considérable. D'un autre côté, il est certain aussi que les bœufs durham-charollais engraissent moins facilement dans les herbages que les bœufs charollais purs, qu'il leur faut des soins et une qualité de nourriture que n'exige pas la race indigène, et enfin que l'aptitude des métis au travail est inférieure dans des proportions considérables à l'aptitude si remarquable de la race indigène.

Pour les vaches, elles sont moins fécondes et d'une santé moins robuste, mais elles deviennent meilleures laitières, et leurs formes sont plus régulières.

On a remarqué que les métis de premier et de second croisement sont infiniment supérieurs à ceux de troisième et de quatrième croisement. Ces derniers portent, en général, des signes de dégénérescence qui les rendent inférieurs à leurs ascendants des deux races.

M. Brière d'Azy est le premier qui, en 1825, ait importé dans le Nivernais des taureaux et des vaches de la race pure de Durham. Cette importation a été faite dans les conditions les plus favorables au succès, puisqu'un très-habile fermier anglais accompagna ces animaux, et, à défaut du climat natal, put au moins leur continuer la nourriture et les soins hygiéniques auxquels ils étaient habitués.

L'arrivée de ces animaux à la ferme de Valotte, près Saint-Benin-d'Azy, causa, ainsi que le raconte M. O. Delafond, une grande sensation dans le pays. « La belle conformation de la race *courtes-cornes*, sa grande disposition à l'engraissement dans un âge peu avancé, frappèrent de surprise et d'admiration les cultivateurs des Amognes et du Bazois... Un grand nombre d'entre eux s'empressèrent de livrer leurs plus belles vaches charollaises aux taureaux de cette race admirable, et ils en obtinrent des métis (grav. 6) d'une très-bonne conformation, travaillant bien, engraissant rapidement, comme aussi des vaches donnant plus de lait que les vaches charollaises.

MM. Tachard, Hervieux et Ladrey, ont profité les premiers de l'introduction en Nivernais de la race de Durham : ils sont parvenus peu à peu à posséder des animaux de race pure, et le concours de Poissy, les expositions régionales, générales et universelles, ont été, dans ces dernières années, l'occasion d'apprécier l'incontestable mérite de leurs produits.

Je dois ici relever une erreur assez grave de M. O. Delafond, parce qu'elle est généralement admise dans le Nivernais. M. O. Delafond raconte que l'introduction, en 1827, par MM. Browster, fermiers anglais de M. Brière d'Azy, d'un nouveau troupeau de vaches et de taureaux de la race de Durham, très-inférieurs aux bêtes primitivement introduites qui avaient été choisies par M. Winal, a été pour le Nivernais et les contrées voisines une véritable calamité, et qu'il n'en est résulté que des métis *hauts sur jambes, mauvais travailleurs, et s'entretenant moins bien dans les herbages que les charollais purs*.

C'est de M. Ladrey que ces renseignements viennent à M. O. Delafond : les miens, puisés aux sources les plus certaines, me permettent d'affirmer que les animaux amenés, en 1827, par les fermiers anglais Browster, n'appartenaient pas à la race de Durham, mais à celle de Hereford.

Il est incroyable qu'une pareille erreur ait pu être faite, et que ces deux races, dont les caractères sont si distincts, aient pu être confondues l'une avec l'autre.

Grav. 6. — Taureau durham-charollais; 1er prix du concours agricole universel de Paris en 1856.

Depuis l'époque dont il est ici question, plusieurs cultivateurs se sont adonnés au croisement des vaches charollaises avec les taureaux de Durham, et même à l'élevage du durham pur. L'établissement de la vacherie modèle de Poussery, en 1844, est venu donner un nouvel élan; mais la généralité des cultivateurs a résisté à cet élan, et le sang de durham n'est pas, il faut le dire, populaire en Nivernais. Il n'est pas accepté sur les marchés au même rang que le charollais pur, et le bas prix des adjudications faites dans plusieurs occasions est le thermomètre de l'opinion publique à cet égard. Cela tient à une seule cause, c'est que les métis sont, en réalité, moins rustiques et engraissent moins bien dans les herbages, où les habitudes locales les abandonnent sans défense contre l'intempérie des saisons et la piqûre des insectes. Il n'en serait pas ainsi certainement si l'engraissement était pratiqué à l'étable, car la précocité du durham-charollais est bien plus grande que celle des charollais purs.

Quoi qu'il en soit, quelques éleveurs luttent avec succès. Nous avons vu à plusieurs expositions de beaux taureaux élevés par M. Auclerc dans une des parties les plus maigres et les plus ingrates du département du Cher. M. Tachard, qui entretient un grand nombre d'animaux de race pure, présente à tous les concours d'animaux reproducteurs des taureaux très-remarquables nés et élevés sur ses propriétés du Nivernais ; il a obtenu la coupe d'honneur au concours de Poissy, en 1855, et depuis quinze ans, dans tous les concours de Poissy, les bœufs de M. de Béhague ont fait l'admiration de tous les connaisseurs par leur précocité, par l'harmonie parfaite de leur conformation et la finesse de leur viande.

Il n'est pas sans intérêt de donner ici un exemple de la tendance prodigieuse à l'engraissement que communique le sang de Durham. Grâce aux études attentives que fait M. de Béhague sur ses domaines de Dampierre, il peut se rendre compte pour ainsi dire jour par jour du progrès de ses animaux et voici une note sur quatre bœufs de race durham-charollaise, exposés par lui en 1849. C'est une étude intéressante de pratique qui porte avec elle son enseignement.

Bœuf n° 1. — âgé de 31 mois.

Né le 11 novembre 1846. — Pesait au départ, le 25 juin 1849, 672 kilog.

Poids à sa naissance.	30 kilog.
— à 1 an.	368
— à 15 mois.	430
— à 18 —	498
— à 21 —	565
— à 24 —	615
— à 27 —	615 (1)
— à 30 —	655

Résultat : L'accroissement de ce jeune animal a été, en moyenne, de 20 kilog. 835 g. par mois.

Bœuf n° 2. — âgé de 36 mois.

Né le 25 juin 1846. — Pesait au départ, le 25 juin 1849, 904 kilogr.

Poids à sa naissance.	32 kilog.
— à 1 an.	382
— à 15 mois.	460
— à 18 —	560
— à 21 —	675
— à 24 —	700
— à 27 —	750
— à 30 —	788
— à 33 —	835
— à 36 —	904

Résultat : L'accroissement de ce bœuf a été, en moyenne, de 24 kilog. 222 g. par mois.

Bœuf n° 3. — âgé de 37 mois.

Né le 31 mai 1846. — Pesait au départ, le 25 juin 1849, 860 kilog.

Poids à sa naissance.	31 kilog.
— à 1 an.	350
— à 15 mois	440

(1) Mise des dents.

Poids à 18 mois	525
— à 21 —	600
— à 24 —	6[illegible]0 (1)
— à 27 —	690
— à 30 —	740
— à 33 —	775
— à 36 —	860

Résultat : L'accroissement de ce bœuf a été, en moyenne, de 23 kilogr. 55 g. par mois.

BŒUF N° 4. — ÂGÉ DE 40 MOIS.

Né le 28 février 1846. — Pesait au départ, le 25 juin 1849, 945 kilog.

Poids à sa naissance.	29 kilog.
— à 1 an.	330
— à 15 mois.	397
— à 18 —	505
— à 21 —	590
— à 24 —	637
— à 27 —	725
— à 30 —	750
— à 33 —	840
— à 36 —	940
— à 39 —	968

Résultat : L'accroissement de ce bœuf a été, en moyenne, de 26 kilog. 640 g. par mois.

Le domaine de Dampierre ne possédant pas de pâturages, les animaux sont élevés au paddock et nourris l'été, de luzernes, trèfles, vesces et maïs en vert; l'hiver, de foin, betteraves, choux, rutabagas. Ils sont, en général, livrés à la boucherie à l'âge de 30 mois; le n° 1 est à l'état de graisse de commerce, les n°s 2, 3 et 4 sont poussés à l'extrême et démontrent la précocité et l'aptitude de ces produits à prendre la graisse dans le jeune âge.

L'un de ces bœufs, le n° 3, présenté et primé au concours de Poissy, en 1850, sous le nom d'*Alibert*, âgé alors de 45 mois et demi, était d'une grande perfection de formes. Voici ses mesures exactes :

(1) Mise des dents.

Taille.	1 m.	42 c.
Circonférence circulaire. . . .	2	54
Circonférence oblique.	2	65
Largeur des hanches.	0	70

Il a été tué le 29 mars, et il a donné à l'abattoir les résultats suivants :

	kil.
Poids vif.	970
Poids de quatre quartiers, cuir et suif.	826
Proportion des quatre quartiers, cuir et suif au poids vif.	88,154 p. 0/0
Poids des quatre quartiers seuls.	665
Proportion des quatre quartiers seuls au poids vif. .	68,608 p. 0/0
Poids vif du suif.	105,05
Proportion du poids du suif au poids des quatre quartiers.	15,852 p. 0/0
Poids du cuir.	55
Proportion du poids du cuir au poids des quatre quartiers.	8,264 p. 0/0

La chair de ce bœuf était marbrée, très-pénétrée de graisse et de qualité supérieure.

Ce résultat, rapproché des renseignements qui nous ont été transmis sur les animaux de race pure de Durham, engraissés par l'illustre créateur de cette race, Charles Colling, et par ses habiles successeurs, constate le degré d'excellence de cet élevage. Il n'est guère possible de rien faire de plus parfait comme bête de boucherie. C'est là, du reste, le seul but de M. de Béhague, qui jamais ne laisse travailler ses bœufs de concours et les prépare à l'engraissement, pour ainsi dire, dès le ventre de leur mère.

Maintenant il est utile de rapprocher de ces faits d'autres faits d'une sérieuse importance et de recueillir les enseignements qui en ressortent. Les consciencieuses études faites par M. Baudement, sur tous les animaux primés dans les concours de Poissy, ne donnent pas la supériorité comme qualité de viande aux croisements durham-charollais sur les charollais purs. En 1856, M. Baudement avait dit :

« On voit que les observations que je viens de faire sur la race durham et sur les croisements qui en proviennent se trouvent confirmées par ce résumé des faits. La race durham, qui ne donne pas une viande de qualité remarquable, communique aux croise-

5

ments qu'on en obtient une qualité généralement supérieure à la sienne et supérieure à la qualité des races auxquelles elle a été mêlée. Cette race, si remarquable par sa conformation comme race spéciale de boucherie, par ses facultés d'assimilation, par son développement hâtif, par sa puissance de transmission, imprime son cachet avec une très-grande certitude à la plupart des produits de croisement qu'elle donne, améliore leurs formes, leur communique quelque chose de ses qualités comme consommateur et les avance dans la précocité. Elle leur apporte de plus une propension à se charger de graisse, une certaine mollesse, une certaine verdeur qui nuit à la qualité générale de sa viande, mais qui, tempérées par la race à laquelle elle est unie, composent une qualité moyenne plus élevée qu'elle ne se trouve dans les deux reproducteurs associés.

« Le rôle essentiel, le vrai rôle de la race durham, sa véritable destination, paraît être de former des croisements. J'entends par ce mot des produits destinés exclusivement à la consommation, plus ou moins riches de sang anglais, suivant qu'on juge à propos de donner le taureau durham à une suite plus ou moins longue de générations, mais exclus de la reproduction dans le but de former souche. Les faits tirés de l'étude des viandes me semblent corroborer cette opinion, que justifie l'histoire tout entière des races domestiques. »

A ce concours de 1856, les bœufs durham-charollais l'avaient légèrement emporté sur les charollais purs ; mais, en 1857, les faits parlent plus haut, les charollais tiennent un rang élevé, et voici comment s'exprime M. Baudement :

« A l'encontre de la race bretonne, la race charollaise reste supérieure en qualité aux croisements durham-charollais ; sa moyenne est égale à 17, alors que la moyenne est de 15,5 pour le croisement. Ce fait se présente trois fois sur les cinq concours dont je me suis occupé, et dans un des deux autres concours, celui de 1854, la race charollaise et le croisement durham-charollais sont presque sur la même ligne.

« Peut-être cette différence dans les résultats que présentent la race bretonne et la race charollaise, quand on les compare à leurs produits de croisements avec le durham, s'expliquerait-elle par la différence qui existe entre les deux races françaises pour la qualité de la viande. En général, la viande de la race bretonne a beaucoup plus de nature et de finesse que celle de la race charollaise, qui est communément un peu verte. La race de Durham elle-même, douée d'une assez grande finesse de fibre et ne manquant pas d'un certain moelleux, donne généralement une viande que la graisse ne pénètre pas assez, une viande un peu verte aussi. Associée à la race bretonne, outre qu'elle lui pourrait communiquer ses aptitudes d'assimilation, d'engraissement et de précocité, elle n'apporterait aucune tendance qui pût en affaiblir la finesse et la nature, et pourrait en recevoir les qualités complémentaires qui donnent une viande supérieure. Unie à la race charollaise, la race de Durham ne trouverait pas, pour la qualité de la viande, le même fonds que chez la race bretonne; elle rencontrerait, au contraire, des défauts du même ordre que ceux qui la caractérisent elle-même; elle pourrait bien affiner la fibre et lui apporter plus de mollesse, donner, en un mot, à la viande du métis les caractères qu'elle possède, mais elle ne corrigerait pas les imperfections qui lui sont communes avec la race française, et ne recevrait de celle-ci aucune réaction heureuse.

« Pour ne pas sortir des limites rigoureuses de l'observation, il faut remarquer que cette explication, toute logique que je la crois, ne peut être définitivement admise que si des faits plus nombreux viennent l'étayer. Il faut aussi tenir compte des exceptions qui se présentent.

« J'ai déjà signalé la qualité remarquable des deux bœufs durham, n° 89 et n° 204, les plus jeunes qui aient été primés au concours de cette année; j'ai distingué aussi le bœuf charollais, n° 221, compétiteur pour le prix d'honneur, et le bœuf charollais, n° 246, âgé de six ans; animaux tous de qualité supérieure, et qui ne présentaient pas les défauts de leurs races. Mais ces exceptions individuelles n'infirment pas le fait général que les moyennes mettent en évidence, et, d'ailleurs, elles ne me paraissent être dues souvent qu'à un engraissement particulièrement habile, poussé extrêmement loin, et qui finit par obtenir une pénétration de la graisse qu'on attendrait en vain de moyens moins extraordinaires. »

On le voit, M. Baudement lui-même hésite à donner la supériorité, quant à la qualité de la viande, à l'un ou à l'autre des bœufs charollais purs ou des bœufs durham-charollais qu'il signale, et il ajoute :

« Ces oscillations, amenées par les faits constatés cette année, s'expliqueront facilement si l'on veut suivre les renseignements détaillés que j'ai donnés plus haut sur les bœufs qui appartiennent à chacun des groupes déplacés. Elles ne modifient point les observations générales que me suggérait le classement de l'année dernière.

« La race de Durham reste encore, pour la qualité, au-dessous des produits que donne son croisement avec nos races indigènes, en exceptant cependant le croisement durham-charollais; encore faut-il remarquer qu'à trois des cinq concours dont les données sont combinées ici, les bœufs durham-charollais ont pris rang avant les durhams purs.

« Les réflexions que m'inspirait ce résultat curieux ne sont donc pas infirmées par les faits nouveaux que le concours de 1857 a fournis.

« En étudiant la qualité de la viande, comme en appréciant le rendement par rapport à la consommation, on est conduit à considérer la race de Durham comme donnant dans les situations où les principes de la zootechnie le conseillent d'ailleurs, de bons *produits* de croisement pour la boucherie, c'est-à-dire des animaux qui arrivent à l'abattoir dans les meilleures conditions de précocité, de conformation et d'engraissement. Mais, d'autre part, en observant les lois de la reproduction, comme en suivant l'histoire de la formation et de l'amélioration des races, on reste convaincu que le croisement ne peut pas faire de race, et qu'il ne doit être employé d'une manière continue que dans le cas où l'on se propose de substituer une race à une autre race qu'on veut détruire, comme mauvaise ou insuffisante, de sorte que, en définitive, le rôle véritable de la race de Durham et sa véritable destination paraissent être, comme je le disais l'année dernière, de fournir des *produits* de croisement ; j'insiste sur ce mot pour l'opposer à celui de *reproducteurs* et faire bien comprendre que, dans ma pensée, les animaux *produits* ne doivent jamais être employés à la reproduction dans le but de faire souche. C'est d'après ces principes que la production animale me semble devoir être organisée. »

5. Race du Morvan.¹

Le Morvan, dont la capitale était autrefois Château-Chinon, chef-lieu actuel de l'arrondissement de ce nom, est un pays montagneux, couvert de bois, aux pentes abruptes et aux vallées étroites et profondes ; sa température participe de celle des montagnes de l'Auvergne, et les variations de l'atmosphère y sont brusques et fréquentes. Ce sont ces conditions sans doute qui ont donné à ses races d'animaux une rusticité, une énergie, une aptitude peu communes à supporter la fatigue des plus rudes travaux.

Les petits chevaux du Morvan, si sobres et si vigoureux, ont eu une grande et légitime réputation pour leur fonds inépuisable : j'ai vu moi-même des chevaux de cette race, montés par les piqueurs d'un illustre sportman, le marquis de Mac-Mahon, de si regrettable mémoire, faire à la chasse des choses extraordinaires. Les piqueurs préféraient toujours ces petits chevaux aux chevaux anglais que leur généreux maître mettait à leur disposition. Malheureusement cette race n'avait ni assez de taille ni assez de poids pour rendre des services à l'agriculture et racheter ainsi, par son travail, une partie de son prix de revient ; elle s'est peu à peu transformée, et a été bientôt remplacée par une race de trait mélangée de francs-comtois, de boulonnais et de percherons : aujourd'hui on ne trouve presque plus de chevaux de la petite et vigoureuse race des montagnes du Morvan.

Nous allons voir qu'une même transformation menace l'excellente race bovine du Morvan, et les raisons économiques en seront faciles à saisir.

La race morvandelle qui peuplait autrefois presque tout le Nivernais est peut-être la meilleure race de travail qui existe au monde; elle est sobre, vigoureuse, légère, bien prise dans ses membres et près de terre, mais de petite taille. Sa couleur est acajou clair ou café-au-lait, et une large raie blanche sur les reins et les fesses, qui se reproduit à la tête, comme dans la race anglaise de

Hereford, lui donne un caractère tout particulier. Ses cornes sont assez longues, mais fines et bien placées.

L'aptitude des bœufs du Morvan pour la marche est vraiment extraordinaire, et ils sont capables de traîner des poids considérables : une charge de 1,500 à 1,700 kilog. sur une charrette est pour eux une charge ordinaire.

Deux bœufs coûtent de 700 à 800 fr.; ils ne représentent certainement pas ce poids en viande; mais leurs services sont fort recherchés pour les parties montagneuses du Morvan, et la supériorité de leur marche est telle, que les rouliers les préfèrent généralement, à égalité de prix, à des bœufs d'un poids plus considérable. Dans le Morvan, plus que dans aucune autre partie de la France, les charrois sont faits par les bêtes bovines, et l'on aura une idée du commerce des bœufs de transport par le nombre des animaux qui couvrent les champs de foire d'Autun ou de Château-Chinon. Il n'est pas rare de voir à la fois en vente, à l'une de ces foires, 2,500 paires de bœufs.

Lorsque les travaux agricoles du printemps sont terminés dans les parties élevées et montagneuses du Morvan, presque tous les bœufs, attelés à de petites charrettes, émigrent vers les lieux où il y a de nombreux charrois à faire pour le transport des merrains, des bois et des charbons, du minerai et des fontes, aux bords des rivières flottables, et dans les usines importantes de ce pays. Depuis peu d'années seulement, les bœufs charollais viennent leur faire concurrence, concurrence si redoutable, que, sur 11,000 ou 12,000 bœufs qui font les charrois de l'usine de Fourchambault, plus des deux tiers appartiennent déjà à la race charollaise ou aux métis de cette race.

« Depuis l'invention du flottage (1547), dit M. Delafond, jusqu'en 1830 à peu près, les transports du bois avaient été faits exclusivement par le bœuf morvandeau. C'est qu'en effet la sobriété, la force, le courage, l'adresse, la patience, la docilité, et, je ne dois point l'oublier, la souplesse, l'épaisseur, la dureté et la solidité de l'ongle du bœuf du Morvan, le faisaient considérer à juste titre comme l'animal seul capable d'exécuter ces charrois dans des lieux souvent très-escarpés, à travers les bois ou en suivant des chemins peu fréquentés, défoncés, boueux et presque impraticables, notamment dans les années pluvieuses. Dans le Bazois, dans les vallées d'Yonne et de Montenoison, ces transports étaient faits concurremment avec les bœufs du Morvan élevés dans le pays. A l'automne, ces charrois étant terminés, bœufs et conducteurs regagnaient leurs montagnes pour y passer l'hiver. Les plus âgés de ces bœufs restaient dans le Bazois pour y être engraissés.

« Mais, à dater de 1830, époque à laquelle la Nièvre fut sillonnée par de bonnes routes arrivant à peu de distance des rivières flottables; à dater surtout de la communication de l'Yonne avec la Loire par l'ouverture, sur toute la ligne, du canal du Nivernais, qui raccourcit considérablement les distances des lieux d'exploitation aux lieux de navigation, les transports devinrent plus faciles, moins longs et surtout moins pénibles.

« A dater de ce moment, le bœuf du Morvan ne fut plus considéré comme l'animal absolument indispensable pour faire les transports des produits des forêts. Le bœuf charollais, déjà très-répandu dans tout le nord de la Nièvre, excepté le Morvan, réunissant à la qualité d'excellent travailleur la qualité non moins précieuse d'engraisser vite et bien, soit à l'herbage, soit à l'étable, et par cela même d'être vendu plus cher aux herbagers du pays que le bœuf morvandeau, fut bientôt utilisé très-avantageusement, et en concurrence avec le bœuf du Morvan, au transport des bois, par tous les petits cultivateurs. Mais cette cause ne fut pas la seule.

« A la même époque, je dois le rappeler, la race chevaline légère du Morvan avait disparu et était remplacée par la grosse race franc-comtoise propre au travail de trait. Or cette race fut utilisée aussi, concurremment avec les bœufs, et on l'utilise encore aujourd'hui, pour le transport des bois des vals d'Yonne, de Montenoison et du Bazois aux ports du canal du Nivernais particulièrement.

« L'ouverture du canal du Nivernais dans l'Yonne, le percement des routes, furent le signal de la coupe des grandes forêts de Vincence, de Biches, de la Gravelle, et surtout de la destruction des hautes futaies conservées intactes jusque-là. Les coups de hache y retentirent surtout depuis la construction des chemins de fer, que l'on pourrait aussi nommer des *chemins de bois*.

« Ces ventes procurèrent de nombreux capitaux, qui furent reportés vers l'agriculture et concoururent aux perfectionnements que j'ai signalés dans les cultures. Or ces circonstances diverses contribuèrent à l'abandon du bœuf de travail du Morvan et à son remplacement par le bœuf charollais, bon travailleur aussi, mais qui réunissait à cet avantage celui d'être très-bon consommateur.

« Aujourd'hui donc les bœufs charollais des vallées d'Yonne, de Montenoison et du Bazois sont utilisés, aussi bien que les bœufs morvandeaux, aux transports des produits sylvicoles sur les ports du canal, comme aussi, mais en moins grand nombre cependant, aux ports flottables de la Cure, de l'Yonne, du Beuvron et du Sozay. Il y a plus : dans tous les bas étages du Morvan, comprenant les cantons de Lormes, de Châtillon et de Moulins-Engilbert, les vaches morvandelles sont livrées au taureau charollais, et les descendants de ce croisement, déjà très-appréciés pour le travail et l'engraissement, sont en grand nombre employés aux charrois, jusqu'à ce qu'ils soient remplacés à leur tour par la race charollaise dans tous les lieux où l'agriculture recevra un notable perfectionnement. Il est donc probable que, dans un temps peu éloigné, tous les transports des versants nord et nord-est de la Nièvre seront presque entièrement exécutés par des bœufs charollais et par des chevaux. »

Il résulte de toutes ces causes que l'élevage de la race morvandelle est refoulé dans les montagnes granitiques du haut Morvan, où sa rusticité, sa sobriété et son adresse rendent des services incomparables, et que la race charollaise, qui à ces qualités joint un poids plus considérable, plus de précocité et plus d'aptitude à l'engraissement, tend partout ailleurs à remplacer la race du Morvan.

Un grand défaut est, en effet, reproché à cette race : elle est lente à se former. Ses bœufs n'ont acquis toute leur force pour le travail qu'à quatre ans et demi et cinq ans, et ce n'est que beaucoup plus tard qu'ils deviennent aptes à être engraissés. Plus le Morvan se rapprochera, par les voies de fer, des grands centres de consommation, plus ce défaut paraîtra considérable, plus la race morvandelle tendra à disparaître. Plus aussi la culture des fourrages artificiels fera de progrès, plus l'entretien d'une race de plus haut poids deviendra possible. On le voit, tout tend à faire bientôt disparaître, malgré ses qualités, la race bovine du Morvan, comme a disparu déjà la race de ses braves et infatigables petits chevaux.

6. — Race de Parthenay ou de Chollet.

Pour faire bien connaître et bien apprécier l'importante et remarquable race de Vendée, connue sous le nom de *race de Parthenay* ou *de Chollet*, j'emprunterai la charmante description que nous devons à la plume élégante de M. Ch. de Sourdeval. Personne ne peut songer à refaire ce travail après lui ; toutes mes impressions sur cette race y sont d'ailleurs si parfaitement rendues, que j'éprouve un véritable plaisir à citer une étude aussi complète.

« Le Bocage, essentiellement différent des deux contrées qui l'enserrent (le Marais et la Plaine), repose tout entier sur un prolongement du massif granitique et schisteux qui constitue la péninsule armoricaine. Son aspect est rude comme les saillies du schiste et du granit; ses champs sont divisés en parallélogrammes de 1 à 2 hectares, invariablement entourés de haies composées de chênes, de houx, que l'on entrelace sur pied. Ces haies sont surmontées de nombreux chênes que l'on exploite en têtards. Le sol du Bocage varie de la terre la plus fertile à la plus ingrate; la première a pour indice une admirable végétation du chêne; la seconde, la spontanéité, la ténacité de la bruyère et l'air chétif des arbres. Partout le sol a besoin, pour produire, d'être soigneusement travaillé. Le Bocage n'a de prairies naturelles que sur les bords encaissés de ses ruisseaux. L'industrie, en outre, a formé artificiellement un assez grand nombre de prairies gazonnées dans les dépressions du sol susceptibles de conserver quelque fraîcheur en été; elles reçoivent un engrais de fumier et de terreau, et une simple irrigation d'eau pluviale en hiver. Des terrains très-arides, voués à la bruyère depuis l'origine des siècles, ont été, de la sorte, convertis en excellentes prairies par l'industrie vendéenne. La chaîne de collines qui, venant de Lusignan, passe par Vouvant, la Châtaigneraye, Pouzanges, les Herbiers, et va encadrer les bords de la Sèvre nantaise, est irriguée, sur certains points, par les eaux vives avec le même art, le même succès qu'en Suisse. Le trèfle est la seule légumineuse de prairie qui prospère dans le Bocage; mais le chou a été, de temps immémorial, la base de la culture fourragère du pays; on en distingue plusieurs espèces : le chou multicaule est surtout cultivé dans l'est, et le chou cavalier dans l'ouest. A cette culture on ajoute maintenant celle des pommes de terre, des betteraves, turneps, etc.

« Il résulte de cette agriculture que la race bovine du Bocage n'est pas, comme celle du Marais, une race de prairie, uniquement façonnée par le sol; elle est, au contraire, rassemblée de très-près sous la main de l'homme; elle passe à l'étable la majeure partie de son temps, y reçoit sa nourriture la plus substantielle, en sort tous les jours pour aller aux champs faire une promenade de santé plutôt que d'alimentation. Le bœuf vit ainsi dans la société continuelle de son maître; il est élevé, traité doucement par lui; au travail même les mauvais traitements lui sont soigneusement épargnés; ils sont remplacés par une série interminable de termes d'amitié, de paroles encourageantes et persuasives. Lors même que deux bœufs se battent, le bouvier, au lieu de les séparer en les frappant de son aiguillon, commence par déposer cet instrument; il se précipite sans armes entre les cornes qui s'entre-croisent, les saisit de ses mains, les détourne de leur direction hostile, et renvoie les deux adversaires pacifiés, non effarouchés à force de coups. La race bovine du Bocage porte éminemment les caractères d'une race homogène et ancienne, ses formes sont prononcées et d'une similitude d'autant plus invariable que le goût des détenteurs ne permet pas d'écarts. Ces animaux passent rarement leur vie entre les mains d'un même maître. Nés chez l'un, souvent ils sont élevés par un second, qui les cède à un troisième pour le commencement du travail, puis celui-ci à un quatrième pour le travail sérieux; de là ils passent à l'herbager ou à l'engraisseur. Ce changement réitéré de maîtres les soumet, pendant le cours de leur vie, à un contrôle perpétuel, à une critique sévère, dont le résultat est de provoquer la régularité, l'unité dans les formes, et en même temps les signes distinctifs de l'aptitude au travail et à l'engraissement.

« Tout porte à croire que la race du Bocage existe depuis fort longtemps dans son état actuel, car les caractères qui lui sont propres la font différer profondément des races circonvoisines. Elle est répandue sur tout le plateau géologique du Bocage, compris entre le Marais, la Plaine et la Loire, d'où il suit qu'elle occupe non-seulement tout le Bocage de la Vendée, mais celui des Deux-Sèvres, de Maine-et-Loire et de la Loire-Inférieure. Elle cesse partout avec les terrains de schiste et de granit, parce qu'avec ces terrains cesse le système de la culture enclose pour celui de la culture en plaine; enfin, par une coïncidence très-remarquable, qui se lie d'ailleurs au sol et à l'agriculture, la circonscription de la race bovine du Bocage est la même que celle de la Vendée insurgée en 1793 (le Marais de l'ouest, occupé par une autre race bovine, s'ajouta seul à l'insurrection).

« Cette race, si identique dans ses caractères généraux, diffère toutefois de taille et de qualité suivant les lieux, c'est-à-dire suivant les ressources que lui offrent le sol, l'agriculture et surtout les soins. Il semble que le foyer le plus pur de la race occupe les deux versants de ces petites Alpes vendéennes, aux sommets boisés, aux pentes verdoyantes et arrosées, aux fraîches vallées qui s'étendent de Vouvant à Tiffauges, passant par la Châtaigneraie, Pouzauges, les Herbiers; encaissant, au midi, le bassin de la Sèvre nantaise. Nulle part, en effet, la race n'offre plus de distinction, de finesse, plus de *sang*, en un mot, que dans cette fertile et pittoresque contrée; nulle part elle n'est élevée avec plus de soin et d'amour. Son type (grav. 7) consiste dans un front large et plat, nez droit, gros et court, cornes longues et effilées, blanches dans la première et la plus grande partie de leur longueur, noires à l'extrémité. Ces cornes, à la forme desquelles on attache beaucoup d'importance, doivent, pour être *bien mises*, s'écarter au sortir de la tête, puis revenir en avant, puis enfin remonter en se contournant, de manière à s'élever au sommet et à diriger celui-ci en haut. La race qui nous occupe est peut-être la seule parmi les races fines pour laquelle on exige une large encornure, et, certes, il est constant qu'ici la végétation cornée ne nuit point au développement, à la richesse des formes de l'animal, ni à sa qualité. Le col doit être court et musculeux; le fanon détaché et mobile; les épaules épaisses, bas descendues, non surmontées de garrot (condition puissante dans le cheval de gros trait); la poitrine large et forte, la ligne du dos droite, les côtes amples, arrondies; les hanches larges, mais recouvertes par les muscles, de manière à n'être pas trop saillantes; la croupe étendue, presque horizontale; la naissance de la queue effacée dans la croupe ; la queue pendante, longue, fournie de crins noirs à son extrémité. Les cuisses, musclées et droites, doivent, autant que possible, former le carré avec la saillie des hanches ; les jarrets sont larges, secs et droits ; les jambes d'aplomb et fortes, la peau fine et moelleuse. Nulle autre robe n'est admise, dans toute la race du Bocage, que la robe froment, exempte de taches blanches : elle varie seulement d'un ton plus vif à un ton plus pâle ; ce dernier est appelé *clairet*, l'autre, *poil rouge*. Toute la race naît avec une couleur brune très-prononcée, mais qui s'éclaircit graduellement avec l'âge, et finit quelquefois par une nuance blanchâtre. Le tour des yeux, du mufle, ainsi que la *culotte*, doivent présenter ce duvet d'un blanc perlé que l'on retrouve au nez, aux yeux, à la *culotte* du chevreuil ; le mufle, les yeux noirs et brillants, se détachent, comme chez l'élégant quadrupède que nous venons de nommer, de la blanche et soyeuse auréole qui les entoure. Cette auréole, si estimée des éleveurs, est nommée par eux les *us blancs*[1]. Les yeux et le mufle rouges, les cornes blondes, les robes blanches, noires ou mélangées, sont inconnues dans la race, et rejetées comme autant d'hérésies. La taille du bœuf, mesurée à la hanche (toujours plus élevée que les épaules), est de 1 mètre 35 cent. à 1 mètre 45 cent. A l'état d'engraissement, les bœufs pèsent de 4 à 500 kilog.

« Jusqu'ici, les éleveurs du Bocage ont professé un véritable culte pour leur race ; ils n'ont jamais admis à la reproduction que des animaux offrant les caractères que nous venons d'énoncer ; et l'expérience a démontré que, dans la race dont il s'agit, ces caractères concordent avec les meilleures conditions pour le travail, pour l'engraissement et pour la finesse de la viande. Aucune autre race, peut-être, ne réunit à un aussi haut degré le double caractère de race travailleuse et de race succulente.

« Toutefois ce n'est pas dans cette riche contrée, dans ce foyer si pur, qu'il faut chercher le point le plus actif de la production et le centre du plus grand commerce d'élèves ; c'est plutôt dans l'arrondissement de Parthenay, des Deux-Sèvres. L'espèce de Parthenay n'est qu'une nuance de la précédente. Les habitants de cette contrée ont pour leur bétail le même dévouement et lui prodiguent

(1) Sans doute du vieux mot français *us*, *huis*, porte, approche.

RACES FRANÇAISES. — RACE DE PARTHENAY OU DE CHOLLET.

Grav. 7. — Taureau de Parthenay; 1er prix du concours universel de Paris en 185

les mêmes soins; mais, soit effet de croisements anciens, soit influence du terroir et des fourrages, le bœuf de Parthenay a des membres plus forts et un peu plus de poids que son émule, mais il a la peau moins fine, le poil moins soyeux ; sa corne, plus grosse, plus courte et moins bien faite, a souvent besoin d'être corrigée par une direction orthopédique.

« Le bétail de ces deux contrées privilégiées, comme celui des bons cantons du Bocage, est entouré de soins dès son jeune âge ; les veaux boivent souvent le lait de deux vaches, et toujours ils reçoivent une alimentation choisie. On pense avec raison que de ces premiers soins dépend tout leur avenir. Les formes, bien développées dans l'enfance, préparent une bonne et saine constitution qui se prête à toutes les aptitudes. Ces animaux sont faciles à élever et d'une douceur remarquable ; adultes, ils ont la démarche ferme et aisée, sont courageux au travail ; vieux, ils s'engraissent facilement. L'engraissement se fait à l'étable, pendant l'hiver généralement, et à l'aide de récoltes sarclées.

« De temps immémorial, le reste du Bocage élève une grande quantité de bétail appartenant à la même souche. C'est toujours même conformation et même robe ; mais la nuance varie selon le territoire et le degré d'agriculture. C'est le soin, c'est la culture, qui développent ces animaux dans leur perfection. Un sol négligé ou rebelle fait bientôt sentir sa triste influence. Les tribus de la race du Bocage qui vivent sur un terrain peu énergique, qui paissent sur la bruyère, perdent leur taille, l'ampleur de leurs muscles, le brillant de leur robe ; le duvet perlé qui borde le nez, les yeux, ou double les cuisses, cachet si distinctif de la belle race, s'efface à mesure que l'espèce dégénère. Dans quelques localités très-arides de l'arrondissement des Sables, la race est arrivée à une petitesse extrême, tout en conservant ses caractères principaux. Cependant la plupart des cantons entretiennent leur tribu dans un état satisfaisant de pureté et de prospérité, soit par les soins qu'ils donnent, soit par des achats souvent répétés de veaux et de génisses provenant des meilleurs types.

« Le bétail du Bocage est l'objet d'un commerce très-actif tant à l'extérieur qu'à l'intérieur même de son territoire. Les veaux et génisses de Parthenay sont très-recherchés par les éleveurs de tout le Bocage, et les attelages qui en proviennent émigrent en foule vers la Saintonge, le haut Poitou et la Touraine, où ils se vendent sous le nom de bœufs de Gâtine. Beaucoup vont aussi dans le pays de Retz, pour être employés aux travaux de l'agriculture et au transport des vins; le commerce de Nantes occupe même un certain nombre de ces animaux pour charrier des marchandises. Les habitants de l'arrondissement de Savenay ne voudraient pas, au contraire, importer dans leur faible culture des animaux d'une race aussi avancée; ils aiment mieux s'adresser aux tribus moins développées qui s'élèvent entre la Sèvre et le lac de Grand-Lieu. Là, ils achètent des veaux de deux ans, qui s'acclimatent aisément sur leur sol peu fertile et qui fournissent aux besoins de leur agriculture; car l'espèce du Bocage, importée à l'état viager seulement, remplit toute la Péninsule comprise entre la Loire et la Vilaine; cette dernière rivière est rarement franchie par la race bretonne proprement dite. Les cultivateurs de Clisson, Montaigu, Aizenay, la Motte-Achard, après s'être ainsi défaits avantageusement de leurs médiocres élèves, mettent leur amour-propre à acquérir des veaux supérieurs, provenant directement des plateaux vendéens ou de Parthenay, et qui, sous les noms de veaux de cordes ou du pays haut, se vendent, à deux ans, de 450 à 600 fr. la paire. Les bons cultivateurs bénéficient sur l'échange : les jeunes animaux, bien soignés, bien nourris, prennent entre leurs mains de la taille et de l'étoffe; ils forment de bons et solides attelages pour le travail, et se revendent plus tard, avec avantage, aux foires de Napoléon, la Motte-Achard, Aizenay, l'Hébergement; mais malheur au cultivateur négligent qui tente, à l'étourdie, cette spéculation! ces superbes élèves dépérissent entre ses mains, et il les revend à perte.

« Le principal mouvement du bétail vendéen s'opère à l'intérieur même du Bocage. Presque sur tous les points on le fait naître, on l'élève, on l'emploie à l'agriculture, on l'engraisse; mais au-dessus de ce mouvement local domine une sorte de courant supérieur qui prend sa source dans l'élevage immense des territoires des Herbiers, Pouzanges, Parthenay, qui fait circuler la race de ces localités dans tout le massif du Bocage, qui la dirige particulièrement du nord au midi pour le travail, et qui les ramène vers le nord pour l'engrais; car c'est particulièrement sur la rive droite de la Sèvre, c'est dans le delta compris entre cette jolie rivière et la

Loire qu'est le grand atelier d'engraissement. Là, des milliers de bœufs, vétérans du travail, répartis en des étables obscures et chaudes, sont l'objet de soins assidus pour revêtir la parure de l'holocauste; puis, des marchés de Chollet, de Montrevault, ils s'envolent en chemin de fer vers Poissy, théâtre de leur dernier triomphe, et, de là, vers Paris, lieu du sacrifice inéluctable.

« Dans cette race, la vache est sensiblement plus petite que le bœuf; ses formes potelées sont en même temps légères, délicates; on demande pour elle la même robe, la même coiffure, enfin le même cachet de race que pour les bœufs. Elle est médiocrement laitière, en quoi elle diffère de sa voisine du Marais, qui l'est à un haut degré. Cette dernière, comme la vache de Suisse et d'Auvergne, se rapproche infiniment plus du bœuf pour l'ampleur des formes que ne le fait celle du Bocage. Les vaches de la Vendée ne vont pas, comme les mâles, courir les aventures d'un commerce lointain; modestes ménagères, elles restent au village, où leur fonction unique est de perpétuer et d'étendre la famille dans tous les priviléges de sa race. Leur lait est employé à la nourriture des élèves, sauf la portion nécessaire pour les besoins de la ferme; c'est un principe admis parmi les bons agriculteurs du pays, qu'on ne doit porter au marché ni lait ni beurre, qu'on ne doit y conduire que des veaux et des génisses bien nourris, et cette généreuse idée est une des causes principales du beau développement et de toutes les qualités de l'espèce. Les villes de Nantes, d'Angers et autres attirent quelques vaches qui sont choisies, à l'âge adulte, sur les apparences de leurs qualités lactifères; puis celles-ci, après avoir donné ce qu'elles peuvent en ce genre, sont livrées aux herbages de la Loire. Le reste des vaches du pays est engraissé sur les lieux mêmes ou dans les marais de la Charente. Jamais ces bêtes ne sont soumises au travail.

« Telle est cette race du Bocage, si homogène, si identique à travers ses nuances diverses, et dont la circonscription territoriale est aussi rigoureusement tracée que son sang est pur d'alliances étrangères. La manière dont elle est traitée, dans l'étendue du sol qui la nourrit, nous a conduit à une observation applicable à toutes les races d'animaux domestiques : que, avec beaucoup de soins, une nourriture bien appropriée, les races s'améliorent facilement *en dedans*, et arrivent à un degré élevé de perfection sans le secours de croisements extérieurs; qu'elles prennent alors un type, un cachet qui leur est particulier. Une race, au contraire, est-elle mal soignée, insuffisamment nourrie, par le fait de l'homme et du sol, elle tend à dégénérer; elle a besoin d'être retrempée sans cesse par le croisement, soit du type supérieur qui lui est propre, soit de toute autre race choisie à défaut de type.

« Notre race, considérée particulièrement dans ses deux tribus d'élite, est un des spécimens les plus remarquables de l'amélioration *en dedans*, ramenant sans cesse les générations vers un type déterminé, dans lequel se rencontrent la plupart des grandes qualités de l'espèce : régularité, beauté mâle dans les formes, force, courage au travail, chair délicate. De telles qualités ne s'obtiennent qu'à force de soins et de persévérance; elles ne sont jamais produites par les caprices du sol et du climat. C'est à l'étable que se forment, comme chez nous, les belles races de Fribourg, de Schwitz, de Durham; c'est à l'écurie que se fait le cheval percheron; c'est à l'ombre de la tente que naît le cheval arabe; c'est enfin dans une sorte de palais que se maintient, en Europe, le cheval de pur sang. Les meilleurs pâturages, quand ils agissent seuls, laissent, au contraire, toujours de l'irrégularité, du décousu dans une race. Nos prairies du Marais, qui élèvent d'une manière si remarquable le bétail presque sans le secours de l'homme, nous en fournissent la preuve. Elles le font très-grand, très-pesant; mais quelle infériorité dans ses formes et dans toutes ses qualités morales! quelle anarchie dans le type! quelle bigarrure dans la robe! Le bœuf des Marais de la Vendée est un rustique et sauvage enfant de la nature exploitée par des pasteurs; celui du Bocage est une fine et délicate expression de la civilisation agricole.

« Il y a quelques années, lorsque le droit d'octroi, à l'entrée des villes, se percevait par tête de bétail, on pouvait reprocher au bœuf vendéen de ne pas peser autant que le bœuf d'Auvergne ou du Cotentin, et de présenter un léger déficit au spéculateur qui le conduisait à la barrière. Ce désavantage avait porté quelques nourrisseurs de Chollet à négliger leur race locale pour reporter leur industrie sur le bœuf auvergnat de Salers, qu'ils achetaient maigre sur la limite méridionale du Poitou, et qu'ils engraissaient chez eux pour le livrer aux marchands de Poissy. Mais aujourd'hui que le prix de l'octroi se paye proportionnellement au poids, le bœuf de la Vendée rentre dans tous ses avantages. Il est reconnu que ce ne sont pas les plus grosses races, mais les races moyennes, et quelquefois de très-petites races, qui possèdent les meilleures qualités relatives. Or il est peu d'animaux domestiques qui réunissent autant de qualités que notre bœuf vendéen. C'est une race de *pur sang*, où la finesse des tissus, où l'énergie morale l'emportent de beaucoup sur la masse. Il est heureux qu'aujourd'hui le bœuf se pèse à l'octroi ; mais ce n'est pas tant au poids que le nôtre doit d'être recherché pour le travail et pour la boucherie, qu'aux signes distinctifs de la pureté de sa race. C'est là que sont les vraies garanties de sa supériorité. Espérons donc qu'un long avenir est ouvert devant la race du Bocage, et que jamais elle ne sera abandonnée pour le prestige de races plus massives qu'elles.

« Mais cette race privilégiée ne prospère qu'entre les mains des adeptes, des initiés du Bocage. Pour la conserver dans tout son lustre, il faut être soi-même, en quelque sorte, un *Bocageon* pur sang. Entre les mains des profanes, elle est incomprise, elle languit, elle se dénature, absolument comme ferait un cheval de pur sang anglais ou arabe.

« Mais qu'entends-je? Un bruit inquiétant frappe mes oreilles depuis quelque temps. La multiplication et l'amélioration des routes, me dit-on, donnent tant de facilité pour aller vendre à la ville le lait, le beurre, les œufs, et élèvent si fort la valeur de ces marchandises à débit journalier, que la ration du jeune bétail, naguère si généreuse, est aujourd'hui menacée d'une réduction déplorable. Déjà sur plusieurs points, au lieu de faire teter deux vaches par un veau, on ne donne qu'une vache pour deux, avec l'eau du ruisseau pour supplément. Qu'à cette industrie de faubourg, il y ait profit pécuniaire, c'est possible; mais c'est sacrifier une vraie et solide richesse à l'appât d'un payement à court terme. C'est, du reste, hélas! le penchant non-seulement de notre agriculture, mais de toute notre production française : réduire tout en petites choses, diviser tout à l'infinitésimal! Chez nous, la science théorique bâtit de magnifiques châteaux en Espagne, et vit dans la contemplation de progrès imaginaires, tandis que, la plupart du temps, une brutale et avare pratique démolit tout, réduit tout en poussière. Espérons que notre race du Bocage, fruit de tant de soins prodigués pendant des siècles, échappera à ce pitoyable élément de dissolution! »

Il n'y a à cette charmante description qu'un mot à ajouter : les noms de Bocage et de Gâtine désignent un seul et même pays; et c'est sous le nom de vaches ou de bœufs de Gâtine que sont connus dans les deux Charentes, et même dans le Midi, les descendants moins soignés, mais non moins robustes et utiles de l'excellente race de Parthenay. Il est bien certain qu'il en est ainsi, également, des bœufs qui peuplent les marais de la Charente-Inférieure, et qui sont connus sous le nom de *Maraîchins*. Les conditions climatériques auxquelles ils sont soumis ont modifié leurs formes, leur pelage, et profondément altéré la finesse de la souche primitive; mais on retrouve cependant en eux des caractères qui sont une indication très-suffisante de leur origine, et des qualités que n'ont pas d'ordinaire les races grossières, celles que ne protége pas l'industrie de l'homme.

5. — Race mancelle.

M. Leclerc-Thouin, dans son ouvrage sur l'agriculture de l'ouest de la France, s'exprime ainsi sur la race mancelle (grav. 8) :

« Sa couleur est tantôt d'un rouge blond uniforme, tirant plus ou moins sur l'une ou l'autre teinte; tantôt, et c'est le plus ordinaire, d'un rouge blond maculé de blanc. La tête est particulièrement dessinée de cette couleur, qui forme nettement l'entourage des yeux et se reproduit sur les naseaux; les cornes, d'un blanc jaunâtre ou verdâtre, sont assez grosses à leur base, ouvertes régulièrement dans leur légère courbure, et ne dépassant pas d'ordinaire 22 à 23 centimètres de longueur; le front est large ainsi que le poitrail; les flancs sont développés; la croupe est épaisse, carrée, formant, jusqu'à la distance du jarret, dans l'attitude du repos, une ligne plutôt droite que convexe; les cuisses ne sont détachées qu'à une faible hauteur du jarret.

« On rencontre d'abord cette race au nord-est de l'arrondissement de Baugé, aux approches et aux alentours de Durtal, où elle m'a paru fort belle, sur les bords du Loir. De là, elle se propage au sud comme au nord de Châteauneuf, jusqu'au delà de Segré,

Grav. 8. — Vache mancelle, 1er prix du concours universel de Paris en 1856.

tantôt pure ou à peu prè , tantôt diversement modifiée par son croisement avec la race suisse, dont M. de la Lorie avait introduit quelques beaux taureaux dès la fin du siècle dernier. Dans la propriété qui porte ce nom, on reconnaît encore le type paternel à sa couleur noire ou rouge brun, à sa haute stature, aux membres plus osseux, plus gros, au cornage plus vigoureux des individus. En traversant au sud les terres fraîches et fécondes de la petite plaine qui s'étend de la Chapelle à Sainte-Gemme-d'Andigné, il est facile de faire la même remarque. Toutefois les caractères manceaux l'emportent sur les caractères suisses, ou, du moins, si la première race a gagné en corpulence, ce qui peut être dû, par parenthèse, tout aussi bien à la richesse des herbages qu'au croisement, elle a conservé la disposition charnue qui fait son principal mérite. Il n'est pas rare de voir sortir de cette partie de la contrée des animaux maigres de cinq ans au prix de 800 à 900 fr. la paire. M. du Mas, dans le voisinage du Lion-d'Angers, en a vendu plusieurs jusqu'à 1,000 fr.

« A l'ouest de Segré, on retrouve encore des bœufs de race mancelle bien caractérisée, sur quelques exploitations suffisamment affouragées où elle prospère; mais généralement elle décroît en taille et elle se perd dans ses croisements avec la race bretonne, jusqu'à ce que celle-ci domine à son tour dans le pays.

« Les bœufs manceaux ne sont pas ordinairement ardents au travail; par contre, ils engraissent facilement et assez promptement, même dans la jeunesse. Les herbagers normands en font un cas particulier. Lorsque je parcourais la vallée d'Auge, j'ai pu me convaincre qu'ils y arrivent souvent les derniers et qu'ils sortent cependant les premiers pour l'alimentation de la capitale. Les engraisseurs de Maine-et-Loire sont persuadés que leurs bœufs s'engraissent moins bien à la crèche qu'au pâturage ; quelques-uns de ces cultivateurs l'ont même, disent-ils, éprouvé. Que les essais auxquels ils se sont livrés aient eu ou non une valeur décisive, il est à remarquer que ces animaux pénètrent tout aussi peu dans l'arrondissement de Beaupréau que ceux de la race choletaise ne se répandent dans les herbages normands. »

Le bœuf manceau, en effet, a de la propension à prendre de la graisse et donne une bonne viande; mais il a la charpente osseuse très-développée, et, malgré cela, ne fait qu'un très-médiocre tra-

Grav. 9. — Taureau Durham-manceau; 1er prix de concours universel de Paris en 1856.

vailleur. Les vaches, mauvaises laitières, nourrissent à peine leur veau, elles tarissent complétement après le sevrage. C'est donc une race peu estimable, qu'il est inutile de conserver dans sa pureté, et qui, circonscrite dans une petite contrée, dans le voisinage de races aussi précieuses que celles de Chollet, de Normandie et de Bretagne, disparaîtra sans doute dans un avenir peu éloigné.

Aucune race ne me semble plus apte à s'améliorer par le croisement avec la race durham (grav. 9). Sous le rapport de la faculté laitière, le sang de durham ne peut que lui communiquer des qualités très-supérieures; elle est si médiocre pour le travail, qu'elle ne peut subir à cet égard aucune influence qui la déprécie. Enfin, sous le rapport de la production de la viande, elle recevrait de ce croisement une précocité qui lui manque, un rendement supérieur, une diminution des os au profit des parties charnues; plus de poitrine et moins d'abdomen, les côtes arrondies, la tête légère, modifications qui toutes rendent l'élevage plus économique et l'engraissement à la fois plus prompt et moins coûteux qu'il ne l'est aujourd'hui.

L'agriculture est assez avancée dans l'arrondissement de Château-Gontier, centre de l'élevage de la race mancelle; les fourrages artificiels et les racines y sont abondants, et, si les bœufs tenaient du sang de durham cette précocité et cette aptitude à la graisse qu'aucune autre race ne possède à ce degré, il n'est pas douteux que les éleveurs pourraient les amener à un état d'engraissement parfait avec les mêmes soins, le même temps, la même dépense qui suffisent à les mettre seulement en bon état de vente aux herbagers normands.

Ces idées sur la race mancelle ne sont pas nouvelles, elles ont un propagateur ardent dans M. Jamet, dont le zèle et le savoir sont connus. En outre, un grand nombre d'éleveurs, les Comices agricoles de la Mayenne, de Maine-et-Loire et de la Sarthe, ont acheté et entretiennent des taureaux de race pure de Durham, dédaignés d'abord et maintenant recherchés de plus en plus. Cette voie est bonne, il est à espérer qu'elle sera suivie avec persévérance et succès; dût-elle conduire à l'extinction de la race mancelle actuelle, je ne le regretterais pas, pour ma part[1].

[1] Il y a sept ans que j'ai écrit ce qui précède, et de nouveaux faits sont

8. — Race bretonne.

Il y a, dit-on, en Bretagne, plusieurs races. Je ne pense pas que cette appréciation soit exacte : il serait plus juste de dire que le type breton a subi des modifications diverses qui lui ont imprimé tantôt un caractère, tantôt un autre. Ces modifications se retrouvent partout où l'on observe des différences dans la richesse du sol et dans l'abondance de la nourriture, de la diversité dans les soins donnés, et enfin des croisements avec des races voisines ou étrangères.

La vache des plaines du Léon, de Guingamp ou de Saint-Brieuc ne ressemble pas à celle du Morbihan, par la très-bonne raison que les riches pâturages du littoral lui ont donné un développement que les montagnes et les bruyères ne peuvent lui procurer; parce qu'elle reçoit là des soins hygiéniques qui sont inconnus ici : de pareilles causes ne suffisent point à changer les traits caractéristiques d'une race.

Quant aux modifications apportées par des croisements étrangers, fort divers, ils ne constituent pas non plus de race à part, ils ne font qu'altérer l'unité de la race indigène : d'ailleurs, ils sont dans des proportions trop faibles ici pour avoir une grande influence sur une population bovine qu'on estime à 1,061,028 têtes pour les départements des Côtes-du-Nord, du Finistère, du Morbihan, de la Loire-Inférieure et d'Ille-et-Vilaine.

venus confirmer mes prévisions à l'égard de la race mancelle. Les concours de Poissy ont prouvé qu'aucune race en France n'est aussi propre que celle-ci aux croisements avec la race de Durham Les bœufs durham-manceaux occupent le premier rang dans toutes les épreuves, et comme qualité et comme supériorité de rendement. C'est M. Chrétien qui a remporté la coupe d'honneur en 1854, c'est M. le comte de Falloux qui l'a remportée en 1855, 1859. De l'avis de tout le monde, le bœuf durham-manceau qui a mérité 1856 et la coupe en 1856 était l'animal le plus parfait qui eût encore paru dans aucun concours de boucherie en France, et on en peut dire autant de celui auquel la coupe a été décerné en 1859. Dans aucun pays la race de Durham n'est acceptée avec autant de faveur, nulle part elle ne produira de meilleurs résultats.

Aux environs de Nantes, on opère ces croisements avec des taureaux de la race de Chollet; dans les Côtes-du-Nord et d'Ille-et-Vilaine, avec des taureaux manceaux ou normands, suivant que l'engraissement ou les produits de la laiterie intéressent davantage les producteurs. Dans les Côtes-du-Nord il a été fait, par les soins du Comice de Ploeuc, des croisements avec la race suisse, qui paraissent avoir donné de très-bonnes vaches laitières, et qui ont eu pour conséquence naturelle de grandir la race tout en donnant des bœufs très-forts pour le travail. Les métis issus de ces croisements, qui remontent à vingt-cinq ans, sont, dit-on, fort recherchés. On trouve qu'ils sont sobres, qu'ils prennent facilement la graisse, et atteignent un poids plus élevé que les animaux de l'ancienne race. Mais, dans d'autres parties des Côtes-du-Nord, des essais semblables n'ont pas réussi.

Enfin, depuis quelques années, on a tenté un assez grand nombre de croisements avec des taureaux de la race pure de Durham. Les résultats obtenus ont été diversement jugés : je crois pouvoir les résumer exactement en disant qu'ils ont été bons quand on a voulu augmenter le poids et la précocité des produits, c'est-à-dire élever des bestiaux en vue de la boucherie (dans ce cas, certainement, le sang de durham est très-préférable au sang normand, au sang chollet et surtout au manceau); mais ces résultats ont été moins heureux quand, en vue de la production du lait, on a accouplé la petite vache bretonne au taureau de Durham. Et ici même il faut faire une distinction entre les contrées maigres et arides et celles où les produits pouvaient être convenablement nourris. Dans le premier cas, ces tentatives ont été malheureuses : M. Rieffel, l'habile directeur de Grand-Jouan, n'a pas hésité à qualifier ainsi celles qu'il avait faites lui-même. On lui avait confié, en 1843, un joli taureau de Durham, *Dudley*; il lui fit saillir un grand nombre de vaches bretonnes; quelques produits ont été très-bons, mais en somme le résultat économique a été évidemment mauvais, M. Rieffel l'avoue. Depuis cette époque, et après quinze ans de prudentes expériences, ses idées se sont modifiées; il a constaté l'heureux effet de l'introduction d'un élément nouveau, le sang de la race écossaise d'Ayr, éminemment laitière. M. Rieffel croit à la nécessité de la transformation de la race bretonne par de sages croisements et par l'alimentation plus substantielle que permettent des cultures plus riches que celles qui couvraient autrefois le sol de la Bretagne, et il voudrait augmenter le poids des bêtes bretonnes, tout en créant des sous-races laitières au plus haut degré. C'est dans cette vue qu'il prône le croisement breton-durham-ayr, en indiquant les raisons les plus ingénieuses pour opérer d'abord par le sang de durham et pour ne faire intervenir le sang d'ayr qu'en second lieu. Bien que j'aie obtenu d'excellents résultats par le croisement direct, ayr-breton, je ne contesterai pas les idées de M. Rieffel. Tout cela est logique. Lorsque la nourriture ne manque pas, les croisements durham peuvent réussir; on obtient ainsi des veaux de plus grand poids et plus précoces; mais si on poursuit l'expérience au delà d'un premier croisement, si on garde des génisses issues de ces alliances, elles auront sans doute plus de taille, de meilleures formes; mais seront-elles aussi sobres et aussi bonnes laitières que les bretonnes pures? Je ne le pense pas, et ceci est grave quand la principale richesse de la race bovine bretonne consiste dans les produits de la laiterie, surtout dans le beurre qu'elle fournit en grande quantité à Paris, à Bordeaux, à l'Angleterre et à la consommation locale. La proportion du fourrage consommé au lait produit restera-t-elle avec les vaches métisses aussi avantageuse qu'elle l'est avec les vaches bretonnes pures? Le doute est au moins permis, et, si on entre dans cette voie, il ne faut pas hésiter à faire intervenir le sang d'ayr, si même on ne l'emploie seul, ce qui est préférable dans beaucoup de situations.

En tous cas, ces sortes de croisements ne doivent être tentés qu'avec une grande prudence, et d'autant plus d'hésitation que l'on habite des contrées moins fertiles. Il ne faut jamais oublier qu'une augmentation de poids dans la vache nécessite toujours une augmentation proportionnelle de nourriture.

Le type breton (grav. 10) se trouve dans sa pureté entre Saint-Pol de Léon et Vannes, avec quelques variations de taille et de couleur, mais conservant toujours les mêmes formes, les mêmes caractères. Les vaches ont, en moyenne, 1 mètre à 1 mètre 20 centimètres; elles étaient du prix de 75 à 100 francs il y a peu d'années; leur prix est actuellement encore plus élevé, de 110 à 150 francs. Les bêtes de choix, dans le Léon, sont plus grandes; leur poids sur pied est d'environ 250 kilog.; lorsque, dans les

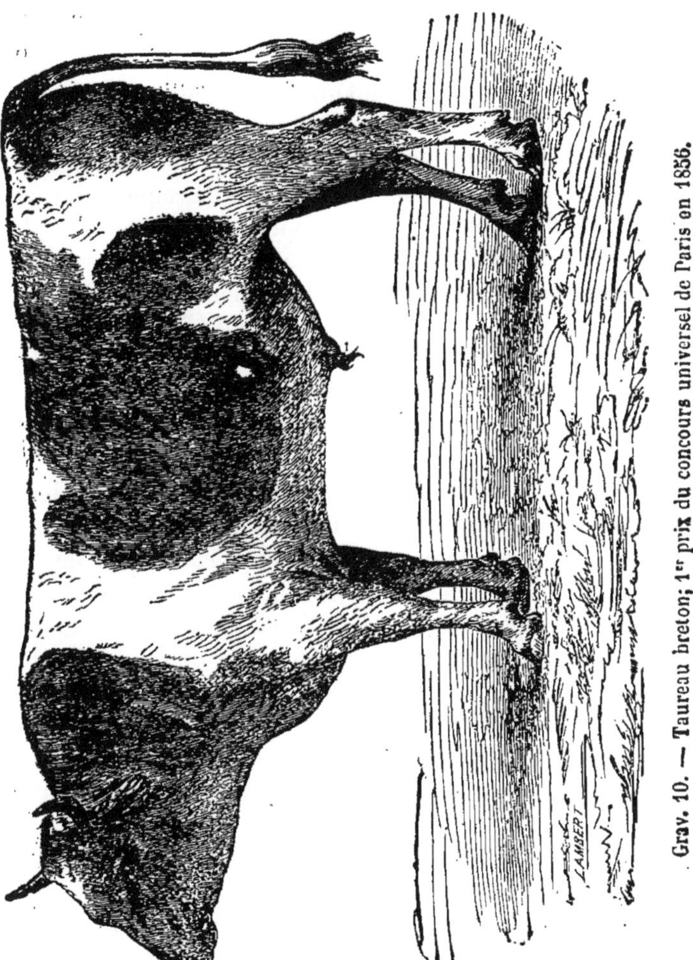

Grav. 10. — Taureau breton; 1er prix du concours universel de Paris en 1856.

premiers mois du vélage, elles donnent de 10 à 15 litres de lait par jour, on les vend communément de 220 à 300 francs.

Les animaux de la petite race bretonne sont d'une admirable sobriété, ils se contentent des plus maigres pâturages et possèdent les qualités laitières à un haut degré. Ils sont médiocres pour le travail, mais ils engraissent avec facilité, et la petitesse de leurs os, la finesse de leur peau, donnent un rendement en viande nette très-avantageux pour la boucherie.

Si la race bretonne recevait quelques soins intelligents, sans perdre sa rusticité et sa sobriété natives, elle acquerrait sans peine la perfection de formes, le développement et les qualités laitières de la race écossaise d'Ayr ; mais on aura une idée du régime misérable auquel elle est soumise, dans le centre de la Bretagne surtout, par ces lignes écrites en 1845 par un élève de l'Institut agricole de Grand-Jouan, M. Basset-Villéon, dans le *Moniteur de l'Association bretonne :*

« En général, le mode d'alimentation usité en Bretagne est une des causes principales de la chétivité que l'on remarque dans la race bovine. A peine les élèves peuvent-ils se passer de leur mère qu'ils sont soumis à un régime misérable, et cela dans la plupart des fermes. On leur donne, pendant l'hiver, un peu de paille et de foin (souvent l'un et l'autre ne sont pas de qualité supérieure), et puis on les expose sur de mauvais pâturages, pendant quelques heures, à la rigueur du froid. Conduits sur de semblables pâtures, ils ne peuvent y trouver les aliments nécessaires à leur développement. Pour eux, point de ration de production dont ils ont tant besoin; à peine y trouvent-ils la ration d'entretien. Ajoutez à cela les mauvais traitements du jeune gardien et les aboiements continuels du chien qui les accompagne ordinairement, et vous aurez une idée exacte des conditions peu favorables dans lesquelles ils se trouvent.

« Quand vient le printemps, on les met de nouveau au pâturage; mais alors l'herbe, qui devient abondante, est prise par les élèves en trop grande quantité : de cette surabondance de nourriture et du changement subit dans le régime alimentaire, il résulte des dérangements, des inflammations, qui nuisent à leur santé et arrêtent leur développement. A leur rentrée à l'étable, ils ne reçoivent aucun soin, car le pansement de la main est tout à fait inconnu au cultivateur breton, qui laisse la boue durcir sur le corps de son bétail. Cette malpropreté est le résultat du trop long séjour du fumier dans les étables et de la parcimonie que l'on met dans la distribution de la litière.

« La vache n'est pas l'objet de soins plus assidus et ne reçoit pas une nourriture plus abondante, même pendant la gestation. On ne cesse également de la traire que quelques jours avant la mise bas; et, sans égard aux efforts de la nature, le cultivateur tire avec force le jeune veau au moment du vêlage. Après avoir fait son veau, elle reçoit pendant huit ou dix jours une meilleure nourriture; puis on l'abandonne de nouveau sur les pâturages. J'ai vu plusieurs vaches mettre bas pendant qu'elles étaient en foire, et, certes, en rentrant à l'étable, le cultivateur n'en prenait guère plus de soin que d'habitude. Souvent même elles avaient à s'en retourner par une pluie battante, circonstance souvent funeste après le vêlage.

« Les étables sont construites indistinctement à toutes les expositions et sur un sol très-souvent humide. Elles ont un autre défaut: c'est d'être beaucoup trop fermées, trop basses et trop resserrées. Non-seulement les ouvertures sont étroites et en petit nombre, mais on observe rigoureusement de les boucher toutes, et cela dans la crainte que le froid nuise au bétail. Aussi respire-t-il un mauvais air, qui n'est renouvelé que par des ouvertures accidentelles, suites de la vétusté et de la négligence du cultivateur.

« La distribution intérieure est également vicieuse : ainsi on n'y voit pas de mangeoires ni de râteliers; quelques perches posées en travers sur les poutres servant à placer le foin et la paille, forment le plafond des étables. Aussi, toutes les fois que l'on marche dans le grenier, une assez grande quantité de poussière tombe dans l'étable et se trouve respirée par les animaux; cette poussière attaque leur poitrine et les expose à la pulmonie. »

Tout cela, ajouté à l'incurie qui préside aux accouplements, au mauvais choix des taureaux et à l'abandon où ils sont laissés dans les pâtures avec les jeunes élèves femelles, qu'ils fécondent, en général, à l'âge d'un an, alors qu'ils n'ont pas eux-mêmes atteint cet âge, peut donner une idée de la misère à laquelle est réduite l'intéressante race bretonne. Comment s'étonner, après cela, des signes de dégénérescence qu'elle porte?

Non, certes, et on doit admirer, bien au contraire, que, dans de telles conditions, elle puisse encore conserver les qualités éminentes qui la distinguent.

L'exportation de ces petites vaches pies, à la tête, à l'encolure et aux pieds de chevreuil, a porté la réputation de leurs qualités laitières dans tous les départements du midi et du centre de la France; réputation bien méritée, à coup sûr, car elles donnent de 8 à 12 litres de lait par jour, dans les premiers mois du vêlage, quelquefois même plus de 20. En moyenne, la production d'une bonne vache est évaluée à 5 litres de lait par jour pendant toute l'année, c'est-à-dire à 1,825 litres par an. J'ai entendu raconter qu'une petite vache est offerte, un jour de foire, au prix de 54 francs. Un acquéreur se présente, mais la trouve trop chère. Le vendeur, alors, sûr de la bonté de sa marchandise, offre d'en fixer le prix à 3 francs par chaque litre de lait qu'elle donnera à l'instant même. On lui en tira 22 litres, et elle fut payée 66 francs.

Mais ce lait n'est pas seulement abondant, il est éminemment butyreux, et M. Rieffel rapporte que, tandis que par des calculs répétés dans toute l'Europe on a trouvé qu'il fallait, en moyenne, 28 litres de lait pour faire un kilogramme de beurre, on obtient des vaches bretonnes le même poids de beurre avec 22 litres, et quelquefois avec 16 ou 18 litres de lait. Aussi la Bretagne exporte-t-elle une immense quantité de ce produit.

La race bretonne s'engraisse facilement, et la Normandie achète dans les Côtes-du-Nord un assez grand nombre de jeunes bestiaux qui prennent dans ses pâturages un remarquable développement. Les Côtes-du-Nord, le Finistère et le Morbihan engraissent eux-mêmes des bœufs qui trouvent un excellent débouché dans les îles anglaises de Jersey et de Guernesey. Terme moyen, ces deux îles en achètent pour 1,200,000 fr. par an, et les Côtes-du-Nord fournissent les deux tiers de cette exportation.

J'emprunte encore à M. Basset-Villéon des renseignements sur l'élevage et l'engraissement des bœufs bretons : « Le bœuf est élevé, jusqu'à l'âge de deux ans et demi ou trois ans, par un fermier qui le vend à cette époque pour être attelé; souvent aussi il le garde. Deux ou trois ans plus tard, c'est-à-dire à cinq ou six ans, il est vendu maigre à un autre cultivateur, qui le paye, terme moyen, 80 cent. le kilog.; il pèse à peu près 150 à 175 kilog. Il lui faut deux mois d'abondante nourriture pour le mettre mi-gras. Le même cultivateur achève l'engraissement, ou, le plus souvent, le vend à un autre au prix de 90 cent. le kilog. Celui-ci le termine, conduit ses bœufs aux différentes foires, et les vend, en moyenne, 1 fr. à 1 fr. 20 cent. le kilog. Le bœuf pèse alors 215, 225 et 250 kilog. Ces chiffres datent de 1850. Aux îles, on accorde une préférence marquée aux bœufs bretons sur les autres; ils s'y sont trouvés en concurrence avec des bœufs de diverses contrées, et, quoique coûtant 10 cent. plus cher par kilog., ils ont été tous vendus avant qu'on ait pu en placer un seul des autres.

« Les bœufs susceptibles d'être engraissés s'achètent en septembre, octobre et novembre. Copieusement nourri, un bœuf peut devenir mi-gras en deux mois et gras en cinq mois.

« Deux modes d'engraissement sont suivis en Bretagne : l'engraissement mixte et l'engraissement de pouture. Le premier n'est pratiqué que dans l'arrondissement de Guingamp (Côtes-du-Nord).

« Les premiers jours d'octobre on commence à préparer les bœufs pour l'engrais. On les nourrit au regain pendant les mois d'octobre et novembre, puis au foin, à la paille et aux choux jusqu'à la fin d'avril. A cette époque, on leur donne du seigle vert. On engraisse depuis le 1er mai jusqu'à la fin de septembre. Pendant le jour, les bœufs sont à l'étable et reçoivent alternativement de l'herbe, de l'avoine verte et du choux. En août et en septembre, on leur donne du blé noir de Sibérie coupé en vert. A six heures du soir, on les conduit dans des pièces de terre qui sont sous veillon, et là ils pâturent jusqu'à sept heures du matin. L'engraissement des bœufs soumis à cette méthode dure quatre ou cinq mois.

« L'engraissement de pouture est celui qui est le plus généralement répandu dans la Bretagne. A Corlay et à Moncontour, arrondissement de Saint-Brieuc (Côtes-du-Nord), on engraisse à l'étable pendant les mois de septembre, octobre et novembre. La nourriture des bœufs consiste en foin, avoine et farine. Le même mode est usité dans le Morbihan, mais pendant un plus long espace de temps. Ainsi, dans ce département, on engraisse durant les mois d'octobre, novembre, décembre, janvier, février, mars et avril. En suivant cette méthode, l'engraissement ne dure que deux mois pour les bœufs mi-gras, et trois à quatre mois pour les bœufs maigres.

« C'est pendant les mois de décembre, janvier, février, mars et avril que l'on engraisse dans le Finistère.

« Les bœufs sont constamment à l'étable et sont nourris de navets, choux et panais : ces derniers sont la nourriture préférée. Deux mois suffisent pour terminer l'engraissement. Les bœufs gras se vendent facilement à toutes les époques de l'année.

« Les contrées les plus renommées pour l'engraissement des veaux sont : Louargat et Pédernec, arrondissement de Guingamp; puis Ploeuc et Quintin, arrondissement de Saint-Brieuc.

« Les veaux sont livrés à la boucherie à l'âge de deux mois : ils pèsent alors de 75 à 100 kilog. On en expédie beaucoup pour les îles de Jersey et de Guernesey, et l'on en consomme également dans le pays. Tous ces veaux sont laissés sous la mère jusqu'à l'époque de la vente. »

On le voit donc, et comme race à lait et comme race de boucherie, la race bretonne est digne de fixer l'attention, et mérite des soins plus intelligents que ceux qu'elle reçoit. Dans les pays pauvres, on devrait la conserver dans sa pureté, en choisissant mieux les reproducteurs et en lui procurant un régime moins malsain. Dans les pays plus fertiles, on peut sans hésiter lui donner plus de poids en la croisant, soit avec la race de Durham, soit avec la race d'Ayr; mais, je le répète, telle qu'elle est, avec ses misères, sa pauvreté, son aspect chétif, cette race est encore excellente, et ne saurait être trop recherchée.

Des vaches bretonnes commencent à être entretenues dans quelques vacheries des environs de Paris. Il y a peu de temps, une vache de cette bonne petite race, provenant de l'exploitation agricole de M. Paturle, à Lormois, a été vendue à la criée, à Paris; on remarqua son excellent état d'engraissement. Elle avait coûté, maigre, 88 fr.; ses quartiers pesaient 146 kil. 50, et sa vente donna les résultats suivants :

	fr.	c.
Viande à la criée.	112 fr.	98 c.
Cuir (17 kilog.).	10	20
Suif, 33 kilog. 50 gr. (2e race à 75 fr.). . .	24	45
Total.	147 fr.	63 c.
A déduire : octroi, frais de vente, etc. .	18	58
Reste net. . . .	129 fr.	05 c.

Frappés de l'état d'engraissement de cette vache, de la qualité de sa viande et de la quantité relative de son suif, les rédacteurs de l'*Écho agricole* demandèrent à M. Lecreps, régisseur de M. Paturle, des renseignements qu'il s'empressa de donner, tant sur la nourriture que sur la production du lait d'un troupeau de trente-sept vaches de cette race entretenues par lui. Il résulte de ces renseignements que la vache vendue à la criée le 15 février, et dont il est question plus haut, n'était estimée par les bouchers de la localité qu'à 112 kilog., parce qu'ils ne se rendaient pas compte de la petitesse des os; que son engraissement avait eu lieu sans aucun supplément de nourriture, et qu'elle n'avait consommé par jour, depuis qu'elle n'allait plus au pâturage, que 4 kilog. de fourrages secs et 7 kilog. de betteraves, et qu'elle n'avait reçu ni son, ni grain.

L'alimentation habituelle de ces vaches chez M. Paturle est, pendant l'été, le pâturage constant dans des prés à sous-sol tourbeux; à midi et le soir, elles reçoivent une affourée des herbes du parc qui, par leur qualité inférieure, ne doivent pas entrer dans l'ensemble du foin de la propriété.

L'alimentation d'hiver est l'équivalent de 7 kilog. de foin, et se compose de 4 kilog. de regain de luzerne, 5 kilog. de betteraves ou de choux branchus de Poitou et 3 litres de son fin.

Les vaches qui ne donnent pas de lait ne reçoivent pas de son; il est remplacé par 2 kilog. de betteraves.

Quant au produit de la laiterie, dans la vacherie de M. Paturle, il a été, en moyenne, du 1er janvier au 31 décembre 1850, de 4 litres 800 par tête ou 1 litre par 1,45 kilog. de fourrage consommé. Ces vaches ne sont pas encore complétement acclimatées, et M. Lecreps dit qu'il a vu en Bretagne le résultat moyen d'une année donner, chez M. Trochu, 1 litre par chaque 1,35 kilog. de fourrage consommé. Il rapproche ces chiffres du résultat d'un rapport fait par lui au Comice agricole de Corbeil sur les rendements constatés chez un grand nombre de cultivateurs possédant des vaches d'un poids moyen de 250 kilog.; ces résultats sont une moyenne de 6 à 7 litres avec une nourriture journalière de 16 à 17 kilog. de foin, et donnant la proportion de 1 litre par 2,43 kilog. à 1 litre par 2,75 kilog.

Ces chiffres font apprécier la supériorité de rendement proportionnel des petites vaches bretonnes sur les grandes vaches normandes et flamandes.

D. — Race d'Auvergne ou de Salers.

L'Auvergne renferme deux races très-distinctes. L'une couvre les montagnes du Puy-de-Dôme, les environs de la magnifique Limagne. Celle-là est petite, grossière, mal conformée, d'un pelage pareil à celui des vaches pies de Berne et de Fribourg, et semble être la descendance dégénérée, rabougrie, de la belle race suisse qu'elle rappelle. Je ne crois pas utile de parler avec détail de cette variété peu intéressante des bestiaux de l'Auvergne.

La race connue sous le nom de race de Salers (grav. 11), et qui tire son nom d'une petite ville dont les environs produisent les animaux les plus parfaits de la tribu, occupe presque toutes les montagnes de l'Auvergne, se fondant à l'ouest avec la race limousine, et perdant de ce côté seulement quelques-uns des caractères qui la distinguent.

Bonne laitière, estimée pour la boucherie, la race de Salers est aussi éminemment propre au travail. Voici la description qu'en a donnée Grognier, qui, né en Auvergne, en connaissait bien le bétail et les habitudes.

« Taille de $1^m,40$ à $1^m,50$; poil court, doux, luisant, presque toujours d'un rouge vif sans taches; tête courte, front large, tapissé chez le taureau d'une grande abondance de poils hérissés; cornes courtes, grosses, luisantes, ouvertes, légèrement contournées à la pointe; encolure forte, principalement à la partie supérieure; épaules grosses, poitrail large, fanon descendant jusqu'aux genoux; corps épais, ramassé, cylindrique; ventre volumineux; dos horizontal; croupe volumineuse, fesses larges, hanches petites; attache de la queue fort élevée; extrémités courtes, jarrets larges, allures pesantes, aspect vigoureux, mais annonçant de la douceur et de la docilité.

« Cette race est depuis un temps immémorial établie sur les montagnes au milieu desquelles est bâtie la petite ville qui lui a donné

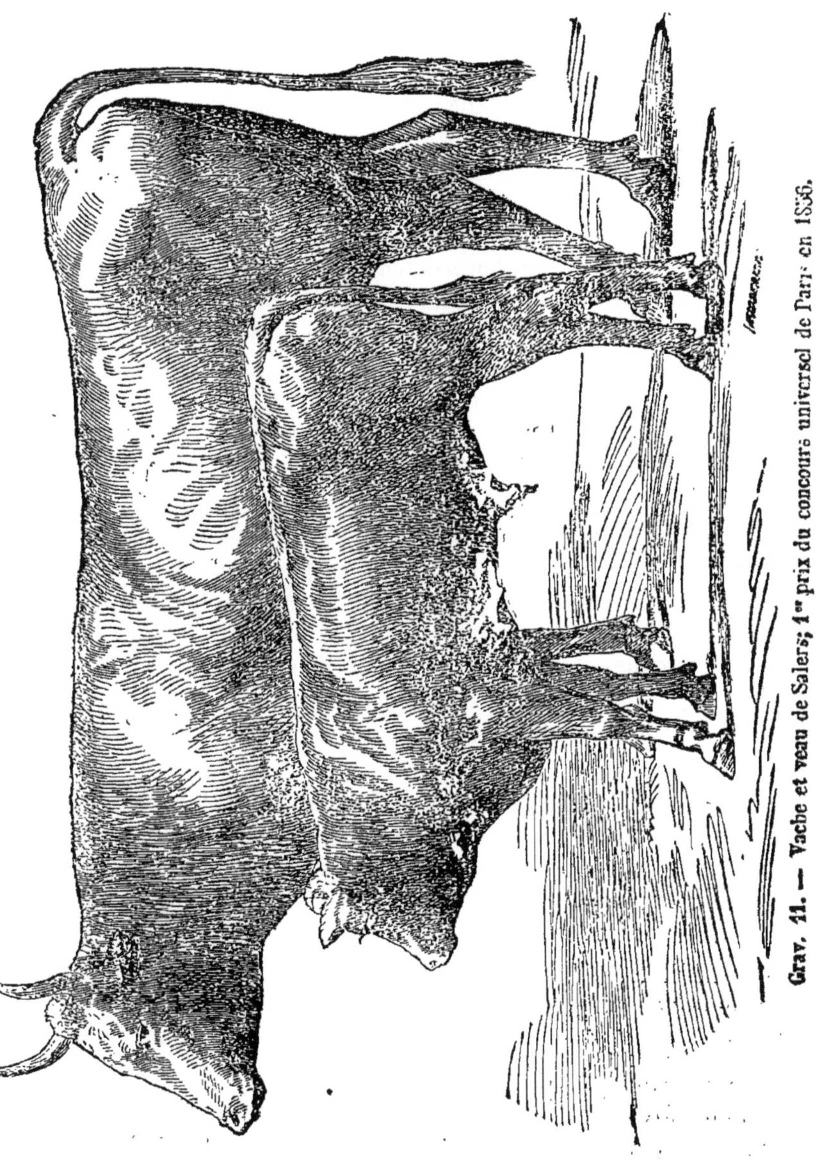

Grav. 11. — Vache et veau de Salers; 1er prix du concours universel de Paris en 1856.

son nom. Elle occupe peu d'espace, multiplie beaucoup, et, plus qu'aucune race bovine d'Europe, elle se répand au loin dans toutes les directions, non pour propager l'espèce, mais pour tracer des sillons et ensuite approvisionner les boucheries, s'acclimatant aisément partout, résistant aux intempéries, et d'un entretien peu dispendieux. Ces bœufs prennent les noms des pays qu'ils ont traversés et passent pour des boulonnais, des nivernais, des poitevins, des morvanais. C'est à l'âge de trois ou quatre ans que le plus grand nombre des bœufs auvergnats quittent le sol natal pour ne plus y entrer; à cet âge, l'accroissement du bœuf, étant loin d'être complet, devient très-considérable sous l'influence d'une nourriture succulente; aussi acquièrent-ils dans des plaines fertiles, et tout en travaillant, un volume qui dépasse de beaucoup celui qu'ils auraient acquis sur le sol natal.

« Cependant leur engraissement est long, peu économique, et leur viande n'est pas très-estimée; on peut attribuer cet effet à deux causes : la première est la *rusticité* de leur complexion, qui les rend si propres à soutenir de rudes travaux; la seconde est l'usage de les bistourner au lieu de les châtrer par ablation, ce qui fait qu'ils conservent toute leur vie quelques restes du caractère du taureau.

« Les femelles de cette race robuste donnent un lait peu abondant, mais très-riche en caséum. En général, quand elles ne sont pas sur les montagnes, on les nourrit mal et on les fait trop travailler.

« C'est avec la plus grande facilité qu'on soumet au joug non-seulement les bœufs, mais encore les taureaux auvergnats; on les fait marcher sur les sols les plus abrupts et sur le penchant des précipices; on dirait que chez eux l'aptitude au travail est un caractère de race qui se transmet par génération comme se transmettent les attributs physiques; les bœufs labourent, en quelque sorte, naturellement, quand ils sont descendus de bœufs laboureurs, comme les chiens chassent lorsque leurs ascendants étaient bons chasseurs.

« La douceur, la docilité, l'intelligence des bêtes bovines d'Auvergne ont surtout pour cause la bienveillance que leur témoignent les pasteurs auvergnats.

« Les animaux domestiques ne sont en général méchants que

lorsqu'on les traite avec brutalité, et, j'aime à le répéter, les pasteurs auvergnats sont doux envers les animaux. Ils les conduisent avec des pique-bœufs sans aiguillons; ils leur donnent des noms et s'en font obéir en leur parlant; ils chantent pour les exciter au travail. Les Poitevins qui achètent nos bœufs ont parmi leurs bouviers des chanteurs ou *noteurs*, et c'est en chantant que les engraisseurs du Limousin invitent leurs bœufs à manger. Si le noteur se tait, le bœuf ne mange pas. Lorsque les bouviers entrent à l'étable pour garnir les râteliers, les bœufs tournent vers eux des regards où se peint la reconnaissance; ils les suivent sans difficulté quand ceux-ci vont les chercher au pâturage, soit pour les ramener à l'étable, soit pour les attacher à la charrue. S'il y a plusieurs paires de bœufs, chacune d'elles reconnaît son conducteur et obéirait avec répugnance, du moins pendant quelques jours, à un autre bouvier; et si celui-ci manquait de douceur, ils deviendraient indociles et méchants. Les bœufs camarades se prennent d'amitié; chacun d'eux connaît la place qu'il doit occuper à la charrue; celui qui doit être fixé au joug le dernier attend paisiblement que son camarade soit attaché avant de se présenter pour être attaché à son tour.

« Une chose remarquable, c'est que les bœufs savent que ce n'est pas pour labourer, mais pour pâturer qu'on les fait sortir le dimanche; aussi bondissent-ils de joie ces jours-là en franchissant la porte de l'étable. Je ne dirai rien de l'intelligence des vaches de montagnes qui connaissent la voix de leurs pasteurs, qui distinguent dans les pacages les limites qu'elles ne doivent pas franchir, qui savent obéir à celle d'entre elles qui s'est constituée le chef du troupeau. Nous avons en effet dans notre Auvergne des vaches *helruckes*, tout comme il en est en Suisse, c'est-à-dire des vaches plus fortes, plus hardies, plus intelligentes que leurs compagnes, qui s'établissent les reines du troupeau, et dont l'empire est consacré par une sonnette bruyante que le pasteur leur attache au cou.[1] Comme en Suisse, nos vaches connaissent l'époque fixe où elles doivent se diriger sur les montagnes, et si les intempéries retardent ce départ, elles témoignent la plus vive impatience; elles n'ignorent pas non plus le moment où elles doivent descendre, et ce n'est pas avec moins d'empressement qu'elles se réunissent pour regagner les étables. »

Je ne partage pas l'opinion de M. Grognier sur l'engraissement des bœufs auvergnats : il assure qu'il est long et peu économique; tel n'est pas l'avis de nos engraisseurs les plus distingués. J'ai entendu dire à plusieurs d'entre eux que, au contraire, les bœufs d'Auvergne avaient une grande facilité à prendre la graisse en peu de temps, ce qui les leur faisait souvent préférer aux bœufs limousins et aux bœufs de Vendée. La cessation de travail suffit presque pour déterminer une augmentation de poids considérable et un embonpoint notable.

Quant à leurs qualités pour la boucherie, les faits les plus positifs contredisent l'opinion de M. Grognier. C'est un bœuf de Salers, de cinq ans, qui, au concours de 1846, a obtenu la première prime de deuxième classe, l'emportant sur un bœuf durham-charollais de M. Hervieux et sur un cotentin de M. Boscher. Au même concours de 1846, c'est un autre bœuf de Salers qui a occupé la première place sur le tableau de rendement proportionnel, l'emportant sur des bœufs durham purs et sur un bœuf de M. de Torcy. Au concours de 1847, la race auvergnate a occupé la deuxième place, battant encore sur le tableau de rendement proportionnel les bœufs anglo-charollais et anglo-normands de MM. de Behague et de Torcy. Enfin, au concours de 1849, elle n'a été battue que par deux bœufs, l'un appartenant à M. de Behague, l'autre à M. de Torcy.

Depuis cette époque, et notamment dans les concours de Poissy de 1853, 1854, 1855, 1856, 1857, la qualité du bœuf de Salers a toujours été remarquée; mais ils n'ont jamais concouru que dans la catégorie des vieux bœufs, des bœufs de bande, et comme l'attention, les honneurs, étaient surtout dévolus aux jeunes bœufs, leur défaut de précocité les a nécessairement tenus dans l'ombre et mis dans une situation désavantageuse.

Les animaux qui composent les vacheries dans le Cantal ne restent à l'étable que pendant les mois de l'année où la terre, couverte de neige, leur refuse la nourriture; pendant sept mois au moins, ils vivent constamment dehors et sans aucun abri.

Une vacherie contient ordinairement de quarante à cent vaches. L'étendue des pacages affectés à un troupeau porte le nom de *montagne*, et le chef vacher les distribue en différents cantons qu'il limite avec soin, et qui doivent successivement recevoir les animaux aux différentes heures de la journée, suivant les convenances du pacage, l'état de l'atmosphère, la disposition du troupeau.

La vente des élèves est un objet de grande importance; les fromagers, cependant, ne conservent qu'un veau par deux ou trois vaches, et moins encore quand il y a avilissement du prix des bestiaux; le reste est vendu au boucher à l'âge de huit à quinze jours. Les jeunes veaux sont soigneusement séparés de leurs mères et tenus à part dans des parcs; on leur permet de s'allaiter à des heures déterminées, aux heures de la traite, car beaucoup de vaches ne donneraient pas leur lait si elles n'avaient pas leurs veaux auprès d'elles. On lâche successivement ces pauvres bêtes, qui s'empressent de venir teter leur mère, et qu'on écarte aussitôt que le lait est venu, en ne leur laissant strictement que de quoi se nourrir. A l'âge de huit à dix mois, ces jeunes élèves sont achetés par des marchands et emmenés par bandes en Poitou, en Limousin, en Angoumois, en Périgord, en Quercy en Languedoc, où ils sont revendus, par paires, à des prix avantageux.

On garde chaque année le nombre de génisses suffisant pour renouveler la vacherie par dixième, et on vend un nombre égal de vaches, les plus âgées ou les moins bonnes, pour la boucherie. De cette manière, le troupeau se maintient toujours en bon état.

L'agriculteur le plus distingué du Cantal, M. le général Higonnet, qui possède une magnifique *montagne* de cent vaches, a l'habitude de ne conserver dans sa vacherie que de jeunes taureaux d'un an. Il trouve à cette méthode des avantages considérables : ces jeunes animaux sont fort doux, ne se battent pas entre eux comme les taureaux plus âgés, qui troublent sans cesse le troupeau du bruit de leurs querelles; ils ne sont pas dangereux pour les vachers; les femelles sont fécondées plus aisément, et il arrive rarement que, sur cent vaches, une seule reste vide; enfin, la beauté de l'espèce ne s'en ressent nullement, puisque, au contraire, sa race est recherchée, et plutôt supérieure qu'inférieure à celle des autres vacheries voisines. M. le général Higonnet n'est pas le seul à vanter la bonté de la méthode qu'il emploie, et qui semble au premier abord en désaccord avec les lois de la nature. Sans me prononcer sur son excellence, je dois dire qu'un autre maître dans l'art de l'agriculture, sir John Sinclair, mentionne, dans *the Code of Agriculture*, comme ayant une très-bonne influence, l'usage de n'employer à la reproduction que de très-jeunes taureaux, et il cite un M. Vandergoes qui a réussi parfaitement en suivant ce système, recommandé aussi par M. Cline, qui possède près de Hague un des plus beaux troupeaux de vaches laitières de la Hollande. M. Cline attribue l'excellence de sa race au soin qu'il prend de ne jamais employer que de jeunes taureaux dont la croissance n'est pas achevée ; il les réforme tous à l'âge de trois ans.

Sans être vaches laitières de premier ordre, les vaches d'Auvergne donnent cependant une quantité de lait assez grande, supérieure même à la plupart de nos races françaises. La moyenne de leur produit peut être estimée à 10 ou 12 litres, et il n'est pas de vacherie qui ne renferme deux ou trois vaches donnant à peu près 25 litres de lait. La laiterie, du reste, est la première ressource de l'agriculture pastorale de l'Auvergne. Ses fromages renommés produisent un revenu considérable. Voici comment on emploie le lait : on le fait cailler avec de la présure dans des tinettes, sans l'écrémer, après quoi on le coule à travers une chausse d'étamine blanche, en ayant recours au feu dans les temps froids; on pétrit et on sale assez fortement; puis enfin on place le fromage obtenu et humide sous de lourdes presses, de façon à le faire parfaitement égoutter. La liqueur qui s'est séparée de ces fromages contient encore quelques parties butyreuses et caséeuses; on y ajoute alors un peu de lait pur qui aide à faire remonter la crème que l'on extrait et dont on fait du beurre; puis, en le faisant égoutter de nouveau, on retient tous les éléments caséeux échappés à la première opération, et on en fait un fromage de qualité inférieure, que l'on consomme dans le pays. Le petit-lait résultant de ces diverses manipulations est employé à la nourriture des porcs, qui sont en général annexés à la vacherie dans la proportion d'un porc par trois vaches.

Deux cents litres de lait donnent environ 45 kilog. de fromage, dont le prix moyen est de 40 francs le quintal.

La production annuelle d'une vache est de 75 kilog. de fromage et de 12 à 15 kilog. de beurre. On voit cependant de bonnes laitières donner jusqu'à 200 kilog. de fromage.

Les instruments employés à la fabrication du fromage sont en petit nombre, presque tous en bois et mal entretenus. Il y a loin de la propreté des fromageries hollandaises ou suisses à la propreté des laiteries d'Auvergne : cette différence n'existe pas seulement dans la propreté des ustensiles, elle est tout aussi grande dans la tenue des gens qui les emploient et dans toutes les phases des opérations que nécessite la fabrication.

L'usage de tenir les animaux constamment dehors a, dit-on, la plus heureuse influence sur leur santé et sur l'abondance du lait; il améliore aussi le terrain du pacage; car les vaches ne sont pas constamment en liberté : elles couchent entourées de claies mobiles, comme celles qu'on emploie pour parquer les moutons. On met une claie de 2 mètres par vache.

L'hiver, quand les vaches vivent à l'étable, les vacheries soignées sont tenues avec la plus sévère propreté; le fumier est retiré deux fois par jour et les étables sont lavées à grande eau. C'est ainsi que le général Higonnet est parvenu à préserver sa belle vacherie de l'épidémie cruelle qui a sévi sur les animaux d'Auvergne depuis plusieurs années.

La bonne ventilation des étables est encore une des précautions les plus indispensables à prendre avec ces bêtes, accoutumées pendant la plus grande partie de l'année à vivre en plein air et sur des montagnes élevées. Aussi, des courants d'air sont-ils établis partout : les ouvertures pratiquées dans le bas, près du sol, semblent être celles dont la disposition est la plus efficace.

Telles sont la valeur, l'utilité, les habitudes de la belle et bonne race d'Auvergne : son importance commerciale est considérable; elle méritait un examen attentif.

10. — Race d'Aubrac.

La race d'Aubrac a tous les caractères d'une race ancienne et parfaitement fixée : je ne crois pas, comme l'ont écrit les meilleurs auteurs, qu'elle ait aucun rapport avec la race d'Auvergne. Elle diffère essentiellement de l'espèce de Salers et de toutes les variétés d'Auvergne qui se rapprochent plus ou moins de ce type. L'œil le moins observateur sera, à mon avis, frappé des différences de taille, de formes, de pelage qui les distinguent, et repoussera les opinions qui tendent à montrer la race d'Aubrac comme étant un démembrement des races d'Auvergne, opinions qui n'ont d'autres bases que le rapprochement des deux contrées dont il est ici question, et une similitude de mœurs explicable par l'analogie de toutes leurs conditions d'existence.

Je ne doute pas que la race d'Aubrac ne soit originaire des montagnes volcaniques d'Aubrac, dans l'Aveyron, et les montagnes d'Aubrac elles-mêmes tirent leur nom d'une vieille abbaye fondée par saint Louis pour servir de refuge aux voyageurs. Les environs de l'abbaye d'Aubrac, qui étaient couverts de vastes forêts, ont été défrichés peu à peu et transformés en pâturages fertiles. Dans ces pâturages, on entretint dans sa pureté et on perfectionna une race de bestiaux facile à distinguer des races voisines, peu nombreuse pendant de longues années, mais qui, peu à peu, vit ses qualités appréciées, sa réputation s'étendre, sa production et son commerce prendre des proportions considérables. Maintenant, non-seulement elle couvre tout le pays, d'où elle a presque exclu les bœufs du Quercy, autrefois seuls en possession du travail de toutes les terres de l'Aveyron ; mais elle s'est encore répandue dans les départements voisins, dans le Cantal et le Tarn surtout, enfin la montagne Noire a adopté un type d'animaux qui se rapproche tout à fait de la race d'Aubrac.

Celle-ci porte encore le nom de *race de Laguiole,* chef-lieu de canton du département de l'Aveyron, où on l'élève en grand nombre. Elle est, à la fois, parfaitement propre au travail par son énergie, son activité et sa sobriété, et fort disposée à l'engraissement, ainsi que le dénotent sa peau fine et son poil court et lustré.

J'emprunte à l'excellent ouvrage de M. Rodat, sur l'agriculture de l'Aveyron, la description qu'il fait de cette race :

« Son caractère le plus distinctif consiste, dit-il, en ce qu'elle a les jambes courtes, proportionnellement à la longueur et à la grosseur du tronc : caractère, pour le dire en passant, qui appartient généralement à toutes les espèces animales de cette région, sans excepter l'espèce humaine. La race d'Aubrac (grav. 12) a la tête belle, sans être d'une grosseur remarquable, le museau long et gros, les cornes fortes, relevées et contournées avec grâce, mais d'une longueur médiocre. Le poitrail est large, le coffre bombé, le dos écrasé et aplati, les os des iles arrondis et peu saillants, les ischions écartés et se terminant à la chute de la cuisse. Les jambes

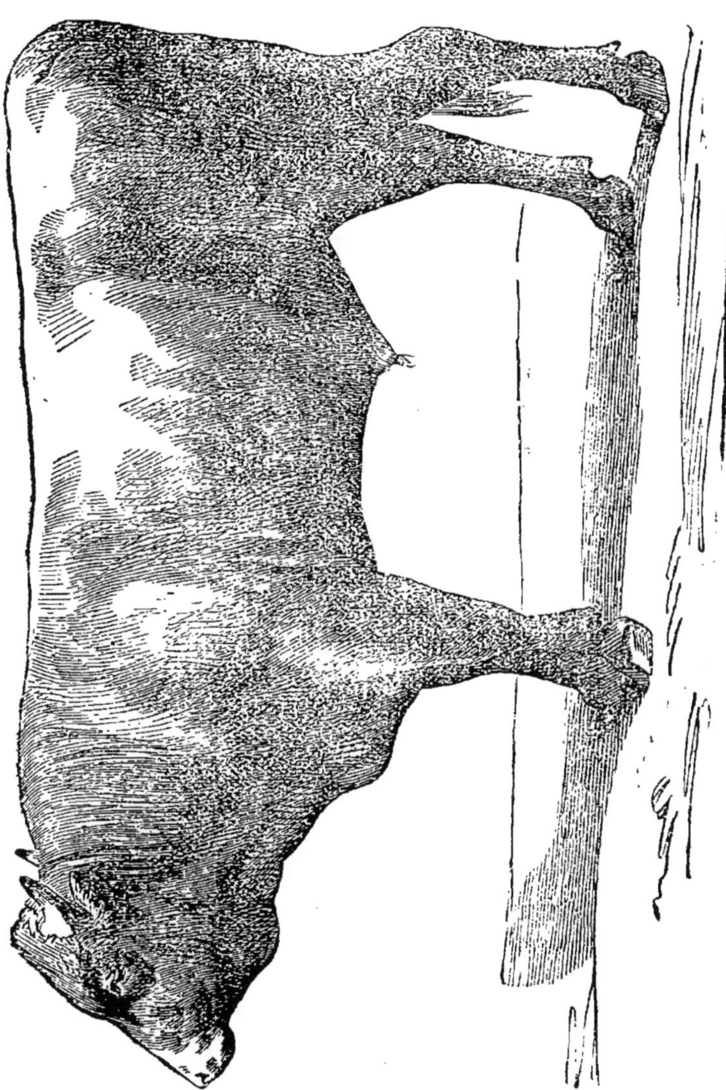

Grav. 12. — Taureau d'Aubrac, appartenant à M. Jalabert; 1er prix du concours régional de Limoges en 1858.

sont fortes et le pied massif. Elle se fait reconnaître aussi par les teintes suaves et veloutées de son poil et par la souplesse de sa peau. On peut lui reprocher d'être un peu droite sur ses jarrets, et d'avoir souvent le nerf de la queue un peu court. Sa robe est rarement d'une couleur simple et prononcée : c'est, ordinairement, un mélange de teintes nuancées et fondues ensemble. Les couleurs les plus ordinaires et les plus estimées sont le fauve tirant sur le lièvre ou le blaireau, et le noir de suie ou marron avec mélange de roux et de gris ; tête de Maure, ayant le mufle entouré d'une auréole blanchâtre. Ce dernier trait est fort caractéristique et fort recherché. On repousse le noir de jais, le blanc laiteux et le rouge sanguin, parce qu'ils déposent contre la pureté de la vieille race de nos montagnes. »

A cette description, on reconnaît l'analogie qu'il y a entre cette race et celle de Bazas, et surtout la race suisse brune de Schwitz. Cette dernière, croisée avec la race d'Aubrac, lui donnerait une largeur de hanches qui lui manque pour être accomplie dans ses formes, elle augmenterait certainement aussi la faculté laitière de ses vaches : amélioration inappréciable pour un pays où la culture pastorale et la laiterie ont la première place.

Les bœufs d'Aubrac sont excellents pour le travail : on les conserve, en général, pour la culture des terres, jusqu'à l'âge de huit à neuf ans. A cet âge, ils sont vendus pour être engraissés dans les excellents pâturages du Mézinc, puis envoyés sur les marchés de Lyon et des villes environnantes, où ils sont vendus sous le nom de bœufs du Mézinc. Leur viande est savoureuse et très-estimée de la boucherie ; leur rendement est très-satisfaisant.

Les femelles, beaucoup plus petites que les mâles, ainsi que cela a lieu dans beaucoup de races du Midi, sont médiocres laitières. Les meilleures vaches, bien nourries, ne donnent pas plus de 9 à 10 litres de lait par jour. Et cependant, ainsi que je l'ai dit, les produits de la laiterie sont le revenu le plus clair de ce pays couvert de magnifiques pâturages. On y fabrique des fromages estimés, dont la vente est facile et toujours assurée ; et, comme il n'en est pas ainsi des autres produits de l'agriculture, cette branche de l'industrie rurale est regardée comme la plus précieuse. Les soins que l'on prend, néanmoins, de la manipulation du laitage sont loin d'être parfaits : c'est ainsi que les *formes* des montagnes d'Aubrac, quoique égales ou supérieures aux *formes* de Hollande lorsqu'elles sont récentes, ne se conservent pas aussi bien, parce que le petit-lait n'en a pas été séparé avec autant de soin, et aussi parce que les Hollandais ont des procédés de salage meilleurs et une propreté inconnue dans les montagnes de l'Aveyron comme dans celles de l'Auvergne. M. Victor Yvart, dans une excursion sur les montagnes d'Auvergne, en 1829, disait, en parlant des *burons*, que « les hommes, les fromages, le beurre et le lait, quelquefois même les chiens, y font ordinairement un échange continuel et réciproque d'exhalaisons aussi nuisibles aux uns qu'aux autres. » Rien n'est changé, malheureusement, depuis ce temps.

Les caves de Hollande sont plus fraîches, mieux appropriées que celles de l'Aveyron, et, par suite, les fromages se conservent mieux; mais je suis convaincu que la principale cause de l'infériorité du fromage français est dans le défaut de soins et de propreté que je viens de signaler.

M. Rodat a donné, dans le *Cultivateur aveyronnais*, des détails intéressants par leur exactitude sur les habitudes adoptées dans les montagnes du pays.

« Il faut, dit-il, pour une vacherie, un chef de chalet appelé *cantalès*, pour les veaux, un petit garçon appelé *védelier* et des pâtres pour les vaches : cela revient à un homme pour vingt vaches. Pour un troupeau de cent vaches, la totalité des salaires s'élève à 400 fr. : le *cantalès* gagne 108 fr.; le *védelier*, 52 fr.; les pâtres, 80 fr. chacun. Il n'en est pas ici comme dans les exploitations de culture, où le payement des salaires et de toute la main-d'œuvre échoit avant que le grain soit emmagasiné, souvent même fort longtemps avant la vente. Les salaires des employés des fromageries sont payés à la fin de la campagne, avec les produits de la récolte. Ils ne constituent pas une avance qui vienne s'ajouter au capital circulant. Celui-ci se compose des claies de parc, des *gerles* (espèces de seaux de bois pour traire les vaches), des *comportes*, des *cuves*, des *jattes*, des *pressoirs*, des *tables* et des *moules* pour le fromage, le tout pour une somme de 480 à 494 fr., ou à peu près. Il faut ajouter, pour la nourriture des employés, en seigle ou en lard salé, une somme de 140 fr. : cela revient à un peu plus de 6 fr. par vache. Le lait des vaches fournit le surplus de la nourriture.

« On sent qu'à mesure que les troupeaux sont plus nombreux, cette proportion diminue. Un *védelier*, par exemple, garde aussi bien soixante veaux que cinquante ou cinquante-cinq.

« Ajoutez à cette première mise de fonds les frais de construction du chalet, appelé *mazuc*, pour une somme de 1,000 à 1,200 fr.

« Autrefois ces *mazucs* étaient de mauvaises huttes, construites avec des piquets tressés par des rameaux de chêne, couvertes et revêtues par des pièces de gazon. Aujourd'hui ce sont des maisonnettes qui ont une longueur de 10 mètres, sur 6 de large, une hauteur de 5 mètres, divisée par un plancher, ce qui fournit un rez-de-chaussée et un grenier. Derrière, et adossée au terrier, se trouve la cave pour les fromages, sa longueur est aussi de 10 mèt. et sa largeur de 3 mètres, le tout est recouvert en ardoise. A part, et tout auprès du chalet, il y a une petite loge à cochons. »

Le produit moyen d'une vache d'Aubrac est de 62 kilog. de fromage et de 3 kilog. de beurre.

11. — Race limousine.

Les voyez-vous, les belles bêtes,
Creuser profond et tracer droit,
Bravant la pluie et les tempêtes,
Qu'il fasse chaud, qu'il fasse froid.

Ces vers de la chanson populaire de Pierre Dupont s'appliquent bien aux beaux bœufs de couleur grain de blé (grav. 13) qui occupent non-seulement le Limousin, mais une partie de la Charente et de la Charente-Inférieure. Ces derniers, engraissés en Vendée, viennent, sous le nom de *bœufs saintongeais*, jusque dans les abattoirs de Paris; ils appartiennent tous, cependant, à la race limousine et sont nés dans la Haute-Vienne, dans l'Angoumois ou le haut Périgord, qui entretiennent et élèvent cette race distinguée.

La race limousine est d'assez haute taille, mais surtout bien prise et d'une finesse remarquable. Ses membres sont plus nerveux que développés, ses os d'une grosseur moyenne. La tête est légère, le rein bien soutenu, la côte ronde; les hanches sont bien

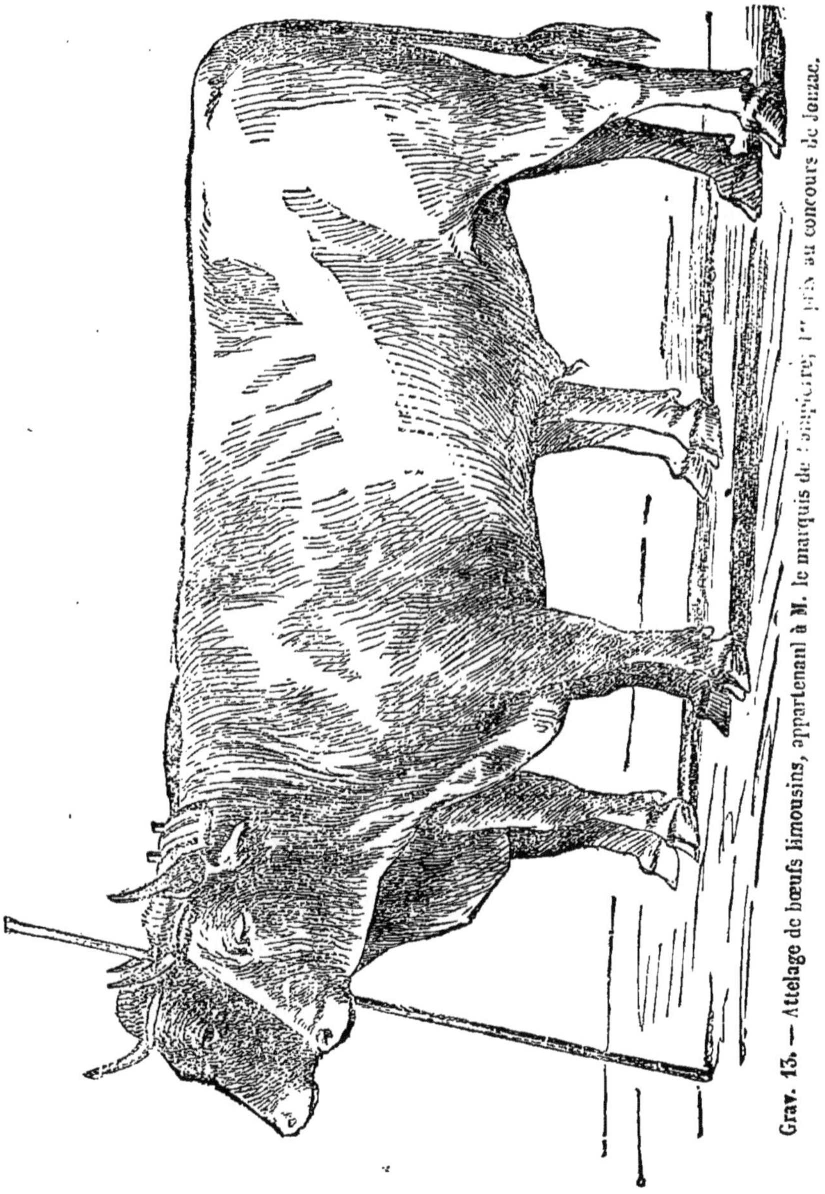

Grav. 13. — Attelage de bœufs limousins, appartenant à M. le marquis de Dampierre, 1er prix au concours de Jonzac.

faites. Elle est docile au travail. On exige des jeunes animaux une douceur extrême, et ce n'est que lorsqu'ils se prêtent sans résistance à tous les mouvements de tête et de corps, qu'ils *se manient* parfaitement, que les paysans saintongeais les achètent : le moindre défaut de docilité les déprécie.

C'est à tort que les bœufs de race limousine sont souvent désignés sous le nom de saintongeais. La Saintonge n'élève que dans ses marais, et presque exclusivement des animaux d'une race rustique qui se rapproche par son pelage, si ce n'est par sa finesse et la régularité de ses formes, de la race de Chollet; ils portent le nom de *maraîchains*. Excellents travailleurs et plus recherchés depuis quelques années, on les trouve principalement employés dans les contrées qui avoisinent les côtes; mais les quatre cinquièmes de la Saintonge, ses parties les plus fertiles et les mieux cultivées, sont labourées par des bœufs de race limousine nés dans les environs de la Rochefoucault, de Nontron et dans le Limousin, qui les exportent par troupeaux nombreux dès l'âge de quinze mois. Ils sont, dès ce jeune âge, attelés par les paysans saintongeais, acclimatés, accoutumés peu à peu à un travail peu fatigant, et revendus toujours à bénéfice, à mesure qu'ils sont mieux dressés, qu'ils augmentent de taille et de poids, sans cesser d'être dans un embonpoint auquel on attache un prix infini, car cet embonpoint est l'indice de soins intelligents et incessants.

L'éducation des jeunes bœufs, telle qu'on la fait en Saintonge, est vraiment digne de tout l'intérêt de l'observateur. On cherche et on réussit à faire produire à de très-jeunes animaux un travail qui compense la nourriture abondante qu'ils absorbent; on ne prétend pas au delà, et on bénéficie de la différence du prix d'achat au prix de vente. Dieu sait si le calcul de la dépense et du produit est fait bien exactement : nos paysans ne sont pas forts là-dessus; mais, en le supposant exact, la théorie est bonne, certainement; car l'augmentation de poids, c'est-à-dire de valeur, est certaine dans un jeune animal, si le travail qu'on exige de lui n'excède pas la proportion qui favorise son développement.

Les éleveurs de la Vendée sont dans les mêmes principes, ils vont plus loin même : ils attellent un grand nombre de bœufs adultes à la charrue ou pour les transports, sachant très-bien que la moitié de l'attelage suffirait parfaitement pour faire le travail, mais trouvant bénéfice à maintenir leurs animaux en chair, et à sacrifier à cet état la somme de travail supplémentaire qu'ils pourraient produire. Voici la réponse que faisait, à cet égard, un fermier du Bocage à un savant agriculteur qui lui faisait observer qu'il y avait perte évidente pour le laboureur à faire agir un attelage de trois ou quatre paires, lorsque deux, au plus, seraient suffisantes, non-seulement parce que, en le dédoublant, on pourrait doubler la quantité du travail effectué dans le même temps, mais parce que plus les animaux sont nombreux, plus il y a décomposition et perte de force pour chacun dans la divergence des mouvements de tous : « Lorsque les animaux de labour sont les mêmes que ceux que vous nommez *de rente*, il n'y a aucun inconvénient à en avoir beaucoup, car ils rapportent à la fois travail et argent. On rira de moi tant qu'on voudra, je n'en continuerai pas moins de mettre mes huit bœufs à la charrue toutes les fois qu'il s'agira d'un premier labour, d'une façon un peu rude, ou toutes les fois même que le temps ne me pressera pas, parce que je suis sûr alors qu'ils n'en prennent qu'à leur aise, et que le travail n'est pour eux qu'un exercice salutaire. Dans les guérets déjà ouverts, et les moments où la rapidité est un élément de succès, lorsqu'il s'agit de semer ou de rentrer les récoltes, par exemple, je deviens de l'avis de vos livres : d'un seul attelage j'en fais deux, et je ne crains pas alors de donner à mes bœufs une fatigue passagère, parce qu'ils se reposeront, et parce que, en définitive, la production du sol est, en pareil cas, la principale spéculation. »

Les bœufs, en Saintonge, sont tout à la fois, en réalité, les animaux de travail et les animaux de rente des cultivateurs. Achetés à l'âge de 15 à 18 mois, au prix de 200 à 300 fr. la paire, ils arrivent, en deux ou trois ans, au prix de 700, 800 et même 1,000 fr. C'est là un bénéfice considérable, de l'argent bien net gagné, si, par leur travail et leur fumier, ces animaux ont payé leur entretien. La question n'est pas de savoir par combien de mains ils ont passé : ces mains sont nombreuses, et les changements fréquents de régime, d'habitudes, des éléments de leur alimentation, contribuent beaucoup au succès de ce mode d'élevage; ils sont notoirement favorables au développement des jeunes animaux. On remarque avec raison que les bœufs élevés en Saintonge prennent plus de poids que ceux qui sont restés au pays natal, bien que l'on y garde selon toute apparence les veaux d'élite.

De nombreux marchands de la Vendée viennent acheter les bœufs limousins en Saintonge, et les payent des prix élevés à raison de l'état de chair et de bonne préparation à l'engraissement où ils les trouvent en général.

Depuis que les chemins de fer ont accru la facilité des transports, un très-grand nombre de ces animaux sont dirigés sur les marchés de Sceaux et de Poissy, et chaque année fait mieux apprécier leur valeur comme bêtes de boucherie.

Un document d'un haut intérêt, le quatrième rapport de M. Baudement, professeur de zootechnie au Conservatoire, sur les concours de Poissy et l'appréciation des viandes à l'étal, nous montre la race limousine placée dans un rang éminent, en comparaison même des races étrangères les plus recherchées, celle de Durham, par exemple. Ainsi, dans un classement qu'il fait pour les concours de 1853, 1854, 1855, 1856, sur neuf races françaises ou étrangères concourant, la race limousine occupe le troisième rang, et la note 17,88 étant le maximum de qualité atteint, les limousins ont obtenu la note 17,36 ; ils battent les garonnais, les durham-schwitz-normands, les durham-normands, les durham, les durham-charollais, les charollais et les salers : les durham-manceaux et les choletais seuls sont au-dessus des limousins. Un bœuf de cette race présenté au concours de Poissy en 1856, a obtenu, sur 43 bœufs primés dans les deux premières classes ouvertes par le programme aux animaux jeunes concourant entre eux et aux animaux de circonscriptions régionales, qui tous ont été appréciés à l'étal, le n° 7 avec la note 20, chiffre maximum et appartenant seulement à 10 animaux sur 43. Ce n'est pas seulement par leur qualité, mais encore par leur précocité qu'ont brillé les limousins; ainsi, sur 17 bœufs primés, appartenant aux races françaises et ayant moins de 4 ans, 1 était choletais, 7 limousins et 9 charollais. Le choletais portait l'annotation 19, la moyenne des 7 limousins était 17,4 et celle des 9 charollais 15. Le choletais et les limousins pouvaient donc lutter de maturité avec les bœufs anglais et croisés, âgés aussi de moins de 4 ans, et dont les notes ont été 17 et 17,5.

Comme poids relatifs, les limousins donnent des résultats très-remarquables. Sur 100 de poids vif, voici le rendement : poids net, 66,451; suif, 10,502; cuir, 6,515; issues, 6,742; intestins, 9,790.

Se doutait-on, même en Limousin et en Saintonge, avant ces expériences comparatives, du degré de perfection pour la boucherie de notre belle et bonne race limousine? On voit donc bien que les concours ne sont pas toujours un moyen de constater le triomphe des races étrangères, et que les races indigènes y peuvent montrer aussi leurs éminentes qualités.

Les vaches limousines sont médiocres laitières : on attache peu d'importance à développer leurs facultés à cet égard. L'élevage des jeunes veaux est la spéculation usuelle; on s'attache surtout aux belles formes, à la finesse du tissu cellulaire et à l'uniformité du pelage. Depuis quelques années, on a introduit en Limousin un assez grand nombre de taureaux garonnais, destinés à augmenter le poids et la taille de la race indigène, à lui donner des formes plus massives. Il y a un grand danger à l'emploi des reproducteurs garonnais, et nous ne saurions trop vivement nous mettre en garde contre une pareille erreur; les taureaux garonnais ont la peau moins fine et les os plus gros que ceux du Limousin, ils peuvent altérer ce qui constitue l'une des qualités dominantes de cette belle et précieuse race.

Ainsi que cela a lieu en Auvergne et en Gascogne, les vaches sont employées à tous les travaux de la culture. Légères et adroites à la marche, elles font mieux que ne le feraient des bœufs plus lourds les nombreux charrois nécessités par la petite dimension des charrettes et par un pays très-souvent et fortement accidenté.

12. — Race garonnaise.

La race connue sous le nom de race *garonnaise* (grav. 14) occupe les deux rives de la Garonne dans un parcours de plus de 240 kilomètres entre Toulouse et Bordeaux, et a pour principal centre de production les riches plaines qui avoisinent ce fleuve entre Agen et Marmande : dans le Midi, on la désigne sous le nom de race *agenaise* ou race *marmandaise*. Elle comprend deux variétés assez distinctes : celle de la vallée de la Garonne et celle des plaines hautes et des coteaux. La première est la plus grande, la plus lourde, mais aussi la moins homogène, la moins régulière de formes; la seconde, plus facile à nourrir, plus robuste, plus

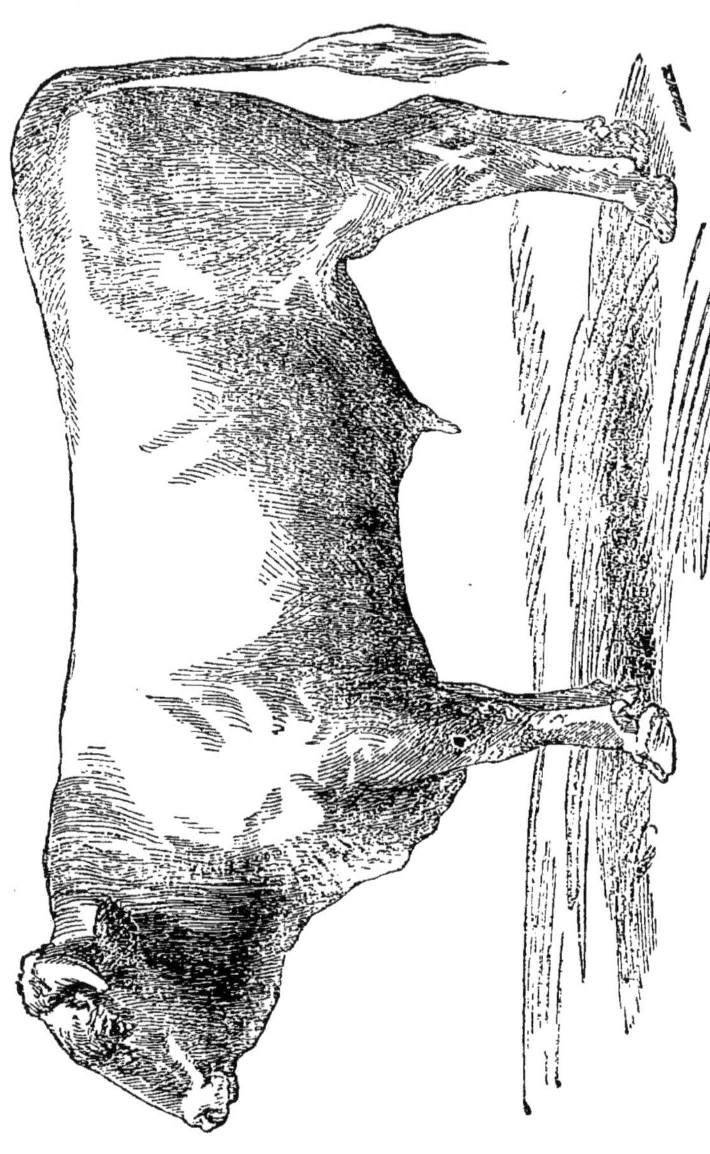

Grav. 14. — Taureau garonnais, appartenant à M. Alfred de Lavergne, 1er prix du concours régional de Montauban en 1854.

ramassée, plus petite, résiste mieux au travail. Du reste, l'usage judicieux de croiser ces deux variétés s'est introduit dans le pays : on donne aux grandes et belles vaches de la plaine des taureaux du coteau, et il est difficile d'établir une ligne de démarcation absolue entre ces deux nuances d'une seule et même espèce.

Dans son ensemble, la race garonnaise est une des plus belles, des plus grandes et des plus fortes de France, et la mieux adaptée peut-être aux besoins du pays qu'elle occupe. Il y a dans les plaines hautes et basses de la Garonne infiniment peu de pâturages : leur force de végétation est utilisée au profit des cultures qui semblent être le plus profitables, le tabac, le chanvre, le blé ; on se contente de quelques fourrages artificiels qui entretiennent les animaux à l'étable dans un excellent état. L'amour-propre et l'attachement du bouvier gascon pour ses bœufs égalent ceux du charretier alsacien pour son équipage : il n'y a pourtant pas là l'attrait de harnais reluisants, de ces plaques de cuivre brillantes comme de l'or, et relevant encore la beauté de leurs quatre vigoureux chevaux. Un joug de bois grossier, une résille de corde à peine ornée de quelques bouffettes de laine rouge, et une couverture de toile pour préserver les animaux de la piqûre des mouches, voilà tout l'équipement. Aux jours de fête et de voyage à la ville, cependant, on ajoute une sorte de camail d'osier recouvert de peaux de mouton blanc et surmonté d'un plumet qui, posé sur le cou de ces grands bœufs, semble ajouter encore à leur taille et à leur fierté.

La sobriété de mœurs du paysan gascon semble lui avoir inspiré l'industrieuse économie qui préside à la nourriture de son bétail ; il l'aime avec amour, et son affection, ses soins de tous les instants, utilisent d'une façon merveilleuse les faibles ressources dont il peut disposer. C'est le chef de la famille, celui que l'âge retient constamment au logis, qui seul distribue la nourriture. Ses fils, ses petits-fils, les femmes de la maison, ont apporté à l'avance en un lieu désigné, et le fourrage de maïs et les feuilles des ormeaux, des saules, de la vigne, même les croûtes de pain : — apporter quelque chose est l'objet de leur constante préoccupation ; — mais le père seul sait ce qui doit revenir à chaque bête de l'étable et le lui donne. Il résulte de ces usages une race sobre, douce et forte, éminemment propre à la culture de ces terres d'une végétation si active qu'elles demandent de nombreuses façons et des labours profonds.

Les vaches de la race garonnaise sont de haute taille et travaillent au moins autant que les bœufs, que l'on aime à ménager et à entretenir toujours dans un certain état d'embonpoint et prêts pour la vente ; car une des meilleures spéculations des éleveurs garonnais est le dressage de beaux attelages que l'on vend pour les départements de la Gironde, de la Haute-Garonne, de Tarn-et-Garonne, du Tarn, de la Provence même, et pour le Périgord, où ils sont fort recherchés. Le commerce le plus considérable se fait cependant dans le pays même ; car, pour le département de Lot-et-Garonne, il a été constaté que, sur 33,000 ventes annuelles, il n'y avait pas plus de 8,000 bêtes exportées. La culture par les vaches est d'une bonne économie dans les petites exploitations : Elle a soulevé, néanmoins, des objections auxquelles il est bon de répondre par l'opinion des hommes compétents et par des faits pratiques. La plus forte de ces objections porte sur la diminution de lait que le travail cause aux vaches, et malheureusement elle ne peut guère avoir d'importance, quant aux vaches garonnaises, car elles sont mauvaises laitières : on ne demande à ces vaches que de nourrir bien ou mal leur veau, et après le sevrage on les tarit aussitôt, dédaignant un profit qui suffit seul à la richesse de l'agriculture de certaines contrées. La diminution du lait par le travail est constante; mais est-elle en proportion telle que le travail obtenu ne la compense pas? Voilà la question telle qu'on doit la poser.

Il y a deux cents ans qu'Olivier de Serres disait : « Ayant des vaches de relais, le coutre ne séjournera jamais ; et les maniant par tel ordre avec douceur, on s'en servira sans grandes tares de leurs portées et de leur laitage. » — « Et cependant, ajoute M. de Gasparin, nous voyons encore de pauvres gens, possédant une ou plusieurs vaches, ne savoir pas user d'une force qui est mise presque gratuitement à leur disposition, et se croire obligés de tenir des animaux de trait qui leur coûtent cher en nourriture et en entretien, ou se condamner à faire avec leurs propres bras un travail qu'ils pourraient obtenir de leurs animaux de rente.

« L'expérience a prononcé depuis longtemps. Quand on fait travailler une vache quatre ou cinq heures par jour, la perte, sur la quantité du lait, n'est que d'un quart : un travail plus long entraîne une plus grande perte, mais quelques jours de repos rétablissent la sécrétion du lait dans son état ordinaire : Schmalz a même remarqué que, quand on les nourrit à discrétion de trèfle vert, les vaches attelées consomment une plus grande quantité de fourrage que celles qui ne sont pas attelées, sans qu'il y ait alors la moindre diminution de lait. »

Dans le Hainaut, où le laitage est la principale ressource, la base de la nourriture des familles de travailleurs, il y a un grand nombre de petites exploitations de 3, 4 ou 5 hectares; elles sont toutes cultivées par des vaches; on les nourrit bien, on les traite avec douceur, et on assure que celles qui travaillent donnent presque autant de lait que celles qui ne travaillent pas: quant au beurre, s'il y a une différence, elle est en faveur des vaches qui travaillent. Mais, le travail échauffant les vaches, il faut leur donner une nourriture à la fois substantielle et rafraîchissante. Du reste, on ne les attelle guère que cinq à six heures par jour, en deux fois, et on les soustrait autant que possible aux plus grandes ardeurs du soleil.

A côté des pratiques d'un pays où l'agriculture est dans une excellente voie, il est bon de mettre le résultat d'expériences plus positives. Il y a peu de temps que M. le baron de Babo, à Weinheim (Allemagne), voulut s'assurer par lui-même de l'avantage qu'il pouvait y avoir à utiliser les vaches laitières aux travaux de la terre. Il choisit huit vaches du même âge, les fit nourrir d'une manière parfaitement égale, et en mit quatre à un travail modéré d'une demi-journée tous les jours, les quatre autres vaches restant à l'étable.

Ces dernières avaient fourni, en un mois, 658 litres de lait; les quatre vaches employées au travail en avaient fourni 616 litres. Le travail avait donc causé une diminution de 42 litres; mais, en outre, les quatre bêtes inoccupées avaient augmenté en poids, ensemble, de 18 kilog., tandis que les travailleuses avaient perdu 6 kilog.; ce qui donne le résultat suivant : le travail avait coûté 42 litres de lait à 10 cent. l'un, c'est-à-dire 4 fr. 20 c.; plus 6 kilog. de viande à 1 fr., soit 6 fr. : total, pour les quatre vaches pendant un mois, 10 fr. 20 c., ou 2 fr. 55 c. par vache.

En portant le nombre des jours de travail à vingt, déduction faite des jours fériés et des jours de pluie, cela ne ferait par jour de travail et par vache qu'une perte de 12 c. 3/4.

L'expérimentateur a trouvé que ces frais seraient encore diminués si le lait devait être transformé en beurre; car le lait des vaches travailleuses était beaucoup plus butyreux que celui des vaches inoccupées : d'où il suit que le travail n'aurait d'influence que sur la diminution des parties aqueuses.

Selon Crud, la force de la vache est à celle du bœuf de même race comme 2 est à 3; c'est à peu près le rapport de leur poids. Les allures de la vache étant plus vives que celles du bœuf, cette proportion est peut-être même un peu plus forte. C'est donc une puissance motrice considérable et qui peut être précieuse dans des circonstances données. Il faut mettre en ligne de compte, cependant, que les vaches sont moins dociles que les bœufs, et qu'elles courent plus de risques par suite de leur état de gestation et de leur plus grande vivacité.

Dans de grandes exploitations, le travail des vaches peut être plus coûteux que profitable, et, sans entrer dans aucune démonstration à cet égard, je dirai que mon opinion est tout à fait conforme à celle de M. de Gasparin : « C'est aux petits fermiers, dit-il, que l'on peut recommander d'y avoir recours; il peut arriver aussi que dans les grandes fermes on ait plus d'avantage à employer, pour les travaux pressés, les vaches laitières aux labours et aux charrois, que de louer des bêtes de trait pour s'en faire aider : un simple calcul comparatif du prix auquel on obtiendrait le travail et de celui du lait qu'on devrait perdre permettra d'apprécier cette convenance.

« Mais nous ne croirons pas que l'on puisse jamais adopter le travail des vaches dans les grandes fermes, à l'exclusion de celui des autres bêtes de trait, et nous sommes en cela d'accord avec M. F. Villeroy, qui est une autorité en cette matière. »

On jugera de l'importance de cette question, pour les plaines de la Garonne, par le rapprochement des chiffres suivants. Le département de Lot-et-Garonne, je l'ai dit, est le principal centre de production de la race garonnaise. Eh bien, dans ce département, dont la population bovine est de 129,973 animaux, on compte 29,163 bœufs, 10,090 taureaux, 26,431 veaux et 64,289 vaches. Dans l'arrondissement de Marmande, qui est celui où le nombre des bestiaux est le plus considérable, il y a 21,995 vaches et 5,234 bœufs seulement.

La valeur totale des bêtes bovines de Lot-et-Garonne est évaluée à 24,904,512 francs.

Les bœufs garonnais sont de haute taille, longs, fortement membrés et près de terre, de couleur grain de blé très-claire, souvent nuancée de brun à la tête, *enfumés*, dit-on dans le pays. Ils ont les mêmes marques brunes aux crins de la queue et autour du sabot; leur rein est parfaitement droit, leur queue bien attachée, leur tête légère, bien qu'avec des cornes trop longues. Forts et dociles, ils sont éminemment propres au travail, quoique n'ayant pas la rapidité d'allure des races plus légères. On voit de beaux échantillons de ces bœufs constamment attelés sur les quais du port de Bordeaux et occupés au transport du chargement des navires. Ils ont tous les caractères d'une race ancienne et parfaitement fixée.

On remarque souvent quelques défauts presque uniformes dans les animaux de cette race : ils ont les genoux rentrants, la poitrine étroite; mais le défaut le plus notable et le plus fréquent, c'est le manque de largeur des hanches qui amène le rapprochement des jarrets et établit, pour un observateur attentif, une sorte de disproportion entre les parties postérieures et les parties antérieures de l'animal.

C'est ce qui me détermina, il y a déjà bien des années, à essayer de croiser des vaches garonnaises que j'avais fait venir en Saintonge avec un taureau suisse. Ce n'est pas sans défiance qu'alors et depuis encore j'ai opéré ces croisements. La race garonnaise n'est pas une race à peau fine, et je n'ignorais pas les reproches adressés assez justement à cet égard à la race suisse de Fribourg. D'un autre côté, j'allais apporter dans le pelage des modifications qui n'étaient pas de peu d'importance pour la facilité de la vente.

Je ne me faisais pas illusion sur les inconvénients, on le voit; mais il y avait des avantages aussi : l'analogie des deux races est frappante sous bien des rapports, et l'écartement des hanches, les admirables aplombs des membres des animaux suisses, leurs cornes fines et courtes et leur faculté laitière, me parurent des motifs suffisants pour tenter un essai que j'ai vu couronné du succès plus tard.

J'ai pu me procurer des taureaux de couleur baie et ayant très-peu de blanc, d'une finesse de peau très-supérieure à celle de la race garonnaise, et qui, sans perdre les qualités de leur race, avaient une distinction remarquable dans les extrémités, et cette tête courte et fière estimée dans tous les pays. Un de ces taureaux surtout était extrêmement remarquable sous tous les rapports.

Je crois que les résultats de ces croisements ont démontré que mes prévisions n'étaient pas sans fondement. J'ai obtenu des animaux ayant des aplombs magnifiques, excellents pour le travail, au moins aussi fins que les garonnais purs, et quelques taches blanches sur le dos ou sur la tête n'ont jamais empêché les marchands de les acheter, les comices agricoles de les couronner dans les concours. Les vaches sont devenues plus laitières, et il y en a dans le nombre qui n'auraient pas été déplacées dans la meilleure vacherie; en somme, cependant, je dois le dire, de pareilles tentatives ont leurs dangers, je ne les conseillerai jamais et je crois que la race garonnaise ne doit être améliorée que par un choix scrupuleux de ses reproducteurs.

Les bœufs de la race garonnaise sont excellents pour la boucherie : ils atteignent le poids de 1,100 à 1,200 kilog., poids vivant, et nous les avons vus aux concours de boucherie de Bordeaux, en 1849 et 1850, lutter avec des animaux de race pure de Durham et de la sous-race durham-normande. Leur chair, au grain très-fin, est parfaitement marbrée, leur suif est doré. Il est remarquable que, bien qu'on ne livre d'ordinaire les bœufs à la boucherie qu'à l'âge de 6 à 8 ans, on peut cependant leur faire atteindre un haut poids à un âge beaucoup moins avancé. La preuve en est dans le rendement des deux bœufs qui ont obtenu les premiers prix en 1850 au concours de Bordeaux, rendement que je vais énoncer, en faisant observer que les usages de la boucherie de Bordeaux ne sont pas les mêmes que ceux de la boucherie de Paris, et que les animaux de concours y subissent un supplice qui, en peu de temps, diminue leur poids dans une énorme proportion. Ils sont promenés pendant deux ou trois jours avant d'être abattus. « Et cette promenade, dit le rapporteur du compte rendu, commence le matin et ne se termine qu'à la nuit, sans que l'animal reçoive autre chose qu'une médiocre ration qu'il refuse pour la plupart du temps, cette marche sur un pavé inégal, au milieu du tumulte et du bruit, a pour résultat inévitable d'opérer dans le poids de l'animal une déperdition considérable. Un exemple frappant de ce fait est fourni par le jeune bœuf qui a obtenu la première prime de la première classe. Venu en bateau de Tonneins, il pesait, au départ de cette ville, le 1er février, 825 kilog.; pesé avant d'être abattu, le 8 février, son poids n'était plus que de 674 kilog.; différence : 151 kilog. »

Voici le rendement des deux jeunes bœufs primés en 1850 :

Premier prix. — Bœuf agenais, âgé de 3 ans et 10 mois, appartenant à M. Cramandel, cultivateur à Meillan (Lot-et-Garonne) :

Poids vif à l'abattoir.	674 kil.
Poids des quatre quartiers seuls	424
Proportion des quatre quartiers au poids vif. . .	62.91 p. 0/0
Poids du suif.	55 kil.
Proportion du suif aux quatre quartiers.	12.96 p. 0/0
Poids du cuir.	53,20
Proportion du cuir aux quatre quartiers.	12.83 p. 0,0

Deuxième prix. — Bœuf agenais, âgé de 3 ans et 11 mois appartenant à M. Dumercy, à Puybarbau (Gironde) :

Poids vif à l'abattoir.	1,088 kil.
Poids des quatre quartiers seuls.	683
Proportion des quatre quartiers au poids vif. . .	68.78 p. 0/0
Poids du suif.	81 kil.
Proportion du suif aux quatre quartiers. . . .	13.19 p. 0/0
Poids du cuir.	68 kil.
Proportion du cuir aux quatre quartiers. . . .	10 p. 0/0

Voici maintenant en quels termes M. Lefour, inspecteur général de l'agriculture, apprécie les résultats du concours de Bordeaux en 1850 :

« Cette année, la race agenaise est entrée résolûment dans la lice, et a produit au concours un animal de quatre ans, qui annonce ce qu'on peut obtenir de précocité de cette race : pour l'harmonie des formes, la souplesse des maniements, le fini de l'état de graisse, ce jeune bœuf rappelle les sujets les plus distingués parmi les jeunes lauréats charolais, normands, durham même, de Poissy. »

Cette appréciation d'un homme compétent, en parlant d'une de nos races méridionales que le Nord croit bien loin d'être comparable aux siennes pour la boucherie, parle plus haut que tout ce que je pourrais en dire moi-même.

En résumé, la race garonnaise est une de nos plus belles et de nos meilleures races françaises, une des plus belles et des meilleures du monde. Elle manque de finesse, elle peut être perfectionnée encore, mais elle doit l'être par elle-même, et toute infusion de sang étranger n'est pas sans péril et ne doit être tentée qu'avec une grande réserve : en ce qui touche surtout à la race anglaise de Durham, qui, par son pelage bigarré et son inaptitude au travail, bouleverserait toutes les conditions économiques de la race garonnaise.

13. — Race bazadaise.

A l'angle sud-est du département de la Gironde, et presque sur les confins de ceux de Lot-et-Garonne et des Landes, est située la jolie petite ville de Bazas, qui a donné son nom à une race peu nombreuse, malheureusement, et qui a des qualités éminentes. Elle participe plus de la race gasconne que de la race garonnaise, plus de la race du coteau que de celle de la plaine; mais elle a encore des caractères propres, très-distincts, et qui ne permettent pas de la confondre avec les races voisines. Cette race (grav. 15) est près de terre, avec des aplombs parfaits, des membres d'une vigueur et d'une beauté remarquables, les hanches bien ouvertes, les fesses bien faites et descendant près du jarret, d'une couleur brune semblable à celle des animaux de Schwitz ou d'Aubrac. Elle est de très-haut poids, et cependant d'une vigueur, pour le travail, supérieure à celle de toutes les races gasconnes. Ce sont des bœufs bazadais qui transportent à Langon, sur d'énormes charrettes à deux roues et sur une route constamment pavée, tous les produits des Landes qui viennent se réunir à Dax, à Mont-de-Marsan et à Roquefort, c'est-à-dire sur un parcours de 133 kilomètres. La vigueur de ces bœufs est mise aux plus rudes épreuves par les poids énormes dont on les charge. Les planches de bois de sapin sont l'objet d'un commerce important avec le Bordelais; le prix de revient du transport détermine le gain du commerçant, et l'amour de ce gain en est venu à imposer des poids prodigieux à ces braves animaux. Sous un soleil ardent souvent, et au milieu d'une poussière de sable fort incommode, ils marchent sous le joug, attelés par paire à une grande distance l'une de l'autre, et de façon à ne pas se gêner, à des charrettes à deux roues, d'une construction fort lourde

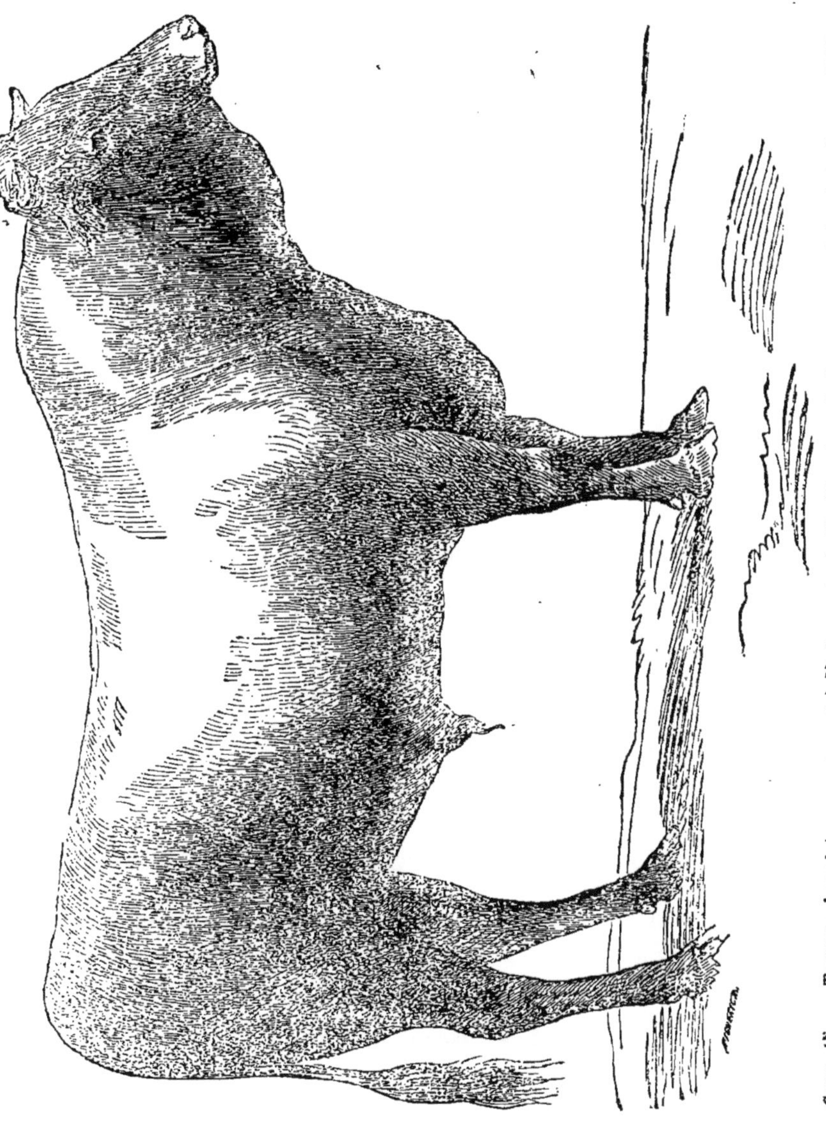

Grav. 15. — Taureau bazadais, appartenant à M. le comte de Noailles; 1re prix du concours régional de Pau en 1857.

Bazas est déjà au milieu des Landes; mais une culture soignée et des défrichements nombreux permettent de donner aux animaux une nourriture en rapport avec leur poids. Le sol y est plus fertile d'ailleurs que dans les arrondissements de Mont-de-Marsan et de Dax, et je ne sais jusqu'à quel point a été rationnelle la tentative qui a été faite à plusieurs reprises d'introduire dans le département des Landes des taureaux de la race de Bazas, afin de donner plus d'ampleur à la race indigène. On ne saurait trop répéter qu'un bœuf mange en proportion de son poids, et qu'il faut, par conséquent, toujours proportionner le poids des animaux à la nourriture dont on peut disposer. Si ces principes étaient acceptés, populaires, chacun aviserait, suivant la richesse de sa culture, a entretenir des races de haut poids ou à se contenter de la race indigène, sobre, bien acclimatée, mais moins forte et moins pesante. Malheureusement, il n'en est pas ainsi ni dans les Landes, ni ailleurs : l'absolu a de l'attrait, on succombe à cet attrait, et les mécomptes ne profitent même pas au voisin, parce qu'on n'en recherche ni n'en pénètre les causes. A ce point de vue, l'introduction des taureaux de la race de Bazas dans le département des Landes a donc des dangers, elle donne d'excellents résultats dans les plaines de l'Adour, mais il n'en sera pas de même partout, et je préférerais de beaucoup voir employer des taureaux de la jolie race d'Urt, qui est la race des Landes grandie, soignée, améliorée, et qui a, en outre, une similitude de pelage qui n'est pas à dédaigner, car on ne se défait pas aisément, sur certains marchés, de bœufs au pelage enfumé, estimés dans le Lot-et-Garonne et dans le Gers, mais non dans les Landes et les Pyrénées.

Excellents pour le travail, les bœufs de Bazas ne sont pas moins estimés pour la boucherie. Ils sont plus près de terre que ceux des plaines de la Garonne, et donnent plus de viande de première et deuxième qualité.

14. — Race gasconne.

Il y a certainement de grands points de ressemblance entre les races de la Garonne, de Bazas et de Gascogne, réunies toutes les trois dans un espace très-resserré, et que ce rapprochement même a amenées à se croiser souvent entre elles; mais il n'en est pas moins vrai que chacune de ces variétés a conservé des caractères propres dans le plus grand nombre de ses individus. La première des qualités de la race gasconne, c'est sa légèreté et sa vigueur pour le travail : elle occupe principalement le département du Gers, pays fort accidenté, où les labourages des coteaux sont pénibles et difficiles ; son aptitude y est donc mise à une épreuve constante Son pelage est un peu moins foncé, mais semblable à celui de la race de Bazas. Son corps (grav. 16) est parfaitement pris, la côte est arrondie, les reins sont bien faits, les aplombs excellents, les membres nerveux ; la tête est courte et expressive; son ensemble dénote à la fois l'énergie et la docilité, qui sont bien les caractères de cette race précieuse; mais on peut lui reprocher d'avoir la racine de la queue très-saillante et l'épaule plus osseuse que charnue.

Les vaches entretenues en plus grand nombre que les bœufs, y sont, comme dans la plaine de la Garonne, soumises aux plus rudes travaux. Elles ont moins de force que les bœufs; mais leur marche est plus rapide et plus légère et on leur réserve de préférence les charrois. Leur travail le plus pénible est de dépiquer le blé en traînant le rouleau sur l'aire de la métairie pendant l'été, sous un soleil ardent: on n'y emploie pas les bœufs, qui maigriraient beaucoup, mais les vaches, qu'on ne ménage pas, et qui d'ailleurs ont une allure plus rapide et plus appropriée à ce travail.

Le grand défaut des vaches de la race gasconne, comme celles de la Garonne et de Bazas, est d'être mauvaises laitières. On se borne à leur faire nourrir leur veau, et il ne vient à la pensée de personne de soigner, de perfectionner les facultés laitières de cette race, aussi susceptible qu'une autre d'être améliorée dans ce sens. Le laitage est peu en usage dans le Midi : il n'entre pas dans la nourriture des classes ouvrières, et les personnes aisées qui veulent du lait ou du beurre se procurent des vaches de Gastine ou de ces petites races bretonnes que les marchands de l'Ouest mènent en grand nombre dans le Midi, à toutes les époques de l'année.

Le joug est le seul mode d'attelage adopté, le seul possible même dans un pays accidenté comme le département du Gers, et il est d'usage d'amputer une des cornes de l'animal, pour peu qu'elle gêne par sa direction ; cette amputation ne semble avoir aucun inconvénient ; elle ne déprécie en rien les animaux sur lesquels on la pratique.

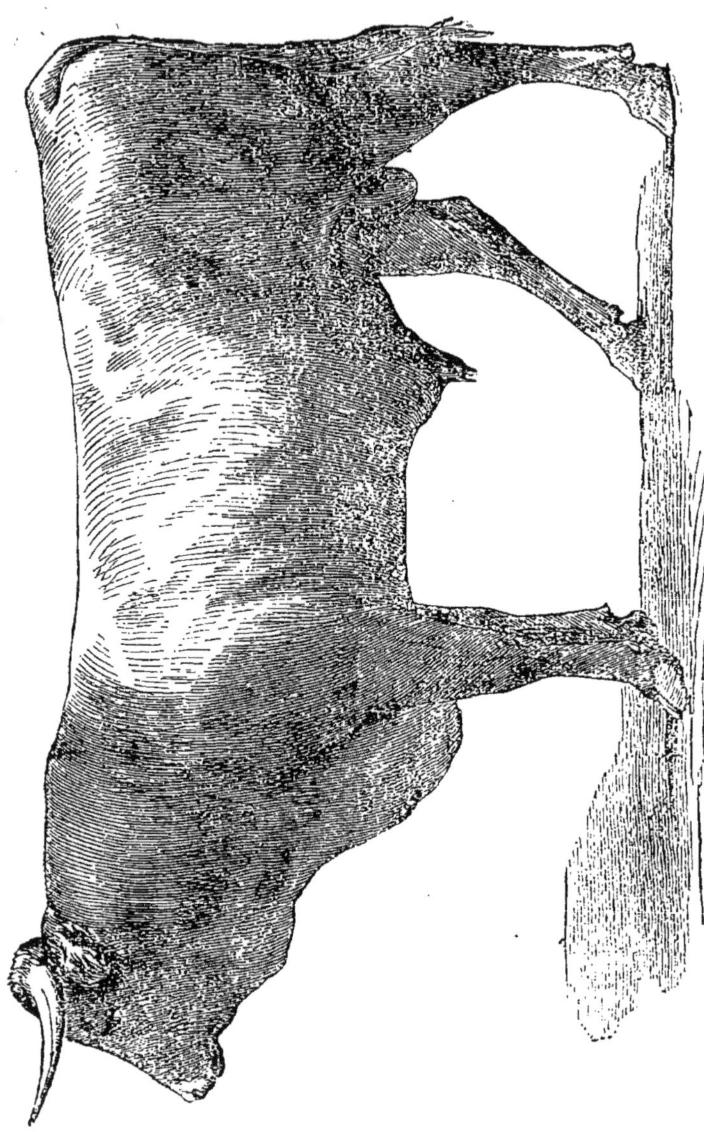

Grav. 16. — Taureau gascon, appartenant à M. Barolles; 1er prix du concours régional d'Angers en 1854.

Un usage commun presque à toute la partie du Midi, où les animaux de travail sont tenus au régime de la stabulation, se retrouve ici avec tous ses inconvénients : les bestiaux, pour approcher de leur nourriture, sont forcés de placer les pieds de devant sur une sorte de marche qui est établie tout le long de la crèche, à un niveau très-supérieur à celui où sont posés les pieds de derrière. De façon que l'inclinaison de leur rein est énorme et aussi ridicule à voir que condamnable au point de vue hygiénique. Les membres postérieurs portent tout le poids du corps, et doivent se fatiguer beaucoup plus que les membres de devant. Cette position est très-peu favorable à la digestion, nuit essentiellement aussi au produit de la gestation, et elle provoque fréquemment et des mises bas avant terme, et leurs fâcheuses conséquences.

Ce que j'ai dit du bouvier des plaines de la Garonne peut s'appliquer au bouvier de la Gascogne tout entière : il est soigneux pour les animaux, il les traite avec douceur, bien qu'il en exige de rudes services et une allure toujours rapide.

On élève, dans le Gers, un assez grand nombre de chevaux et de mulets; mais ils ne sont nullement employés à la culture, et quand je rapproche ces circonstances des efforts que font quelques théoriciens habiles pour pousser le gouvernement et les cultivateurs français dans la voie ouverte par l'Angleterre, et chercher à remplacer *partout* et *toujours* le travail des bœufs par celui des chevaux, de manière à réduire le bœuf à la simple condition de machine à fabriquer de la viande et du fumier, au rôle de la poularde, comme ils disent, je me sens de plus en plus convaincu qu'on prend la question par un trop petit côté pour pouvoir jamais réaliser ce qu'on désire. On ne change pas ainsi les habitudes et les aptitudes d'un peuple, sans modifier d'abord les causes rationnelles qui les produisent. Perfectionnez d'abord l'agriculture; répandez les lumières agricoles; faites apprécier les avantages des bonnes méthodes de fumure et des riches cultures de l'Angleterre et du nord de la France; faites ressortir le prix du temps, le profit des travaux faits avec rapidité et dans le temps convenable, et alors seulement vous aurez démontré la nécessité des moteurs les plus vites, les plus prompts à exécuter vos travaux, alors seulement vous pourrez avec avantage chercher à remplacer le bœuf par le cheval. Mais vous trouverez encore de grands obstacles dans la nature des races chevalines du Midi, races légères et peu propres par leur faible poids et la vivacité de leurs allures, leur excès de sang, à traîner de lourds fardeaux ou à ouvrir des sillons. Ce sera un autre problème à résoudre.

Que ces difficultés du présent et de l'avenir soient donc un avertissement salutaire, et fassent apprécier la valeur des races bovines, aussi aptes et rapides au travail que la race de Gascogne.

15. — Race bovine béarnaise, basquaise, des Landes et des Pyrénées.

Tous les bestiaux qui couvrent cette partie de la France comprise entre l'Océan, les frontières d'Espagne et le cours de la Garonne et de la Baïse, en suivant la ligne des Pyrénées presque jusqu'à la Méditerranée, appartiennent évidemment à une seule et même race qui se modifie suivant la richesse ou la pauvreté du pâturage, les conditions climatériques auxquelles elle est soumise, mais qui ne perd jamais ses caractères propres et parfaitement arrêtés. Elle occupe les départements des Landes, des Hautes et Basses-Pyrénées, de l'Ariége et une partie du département de la Haute-Garonne.

Les classifications adoptées dans les concours ont été parfois erronées parce quelles avaient la prétention d'établir des distinctions de races entre animaux de même origine, ayant tous les mêmes caractères, remplissant le même but, ne différant absolument que par leur taille et quelques modifications de structure facilement expliquées par la différence des lieux qui les font naître. Ces classifications ont été imposées quelquefois par des rivalités ou des influences locales; elles ont par cela même manqué de fixité et même d'équité ; mais il est à espérer cependant, que désormais après quelques hésitations bien excusables, elles prendront, pour base première le but économique et éminemment distinct de telle ou telle nuance de la race. Ainsi, il est évident que la race laitière de Lourdes ne doit pas concourir avec celle du pays basque, et les concours de 1858 et 1859 ont déjà appliqué cette juste distinction. Une étude plus attentive de la part de l'administration a bien vite fait renoncer aux catégories fort injustes adoptées dans le concours de Pau en 1857.

Examinons en dehors de toutes classifications les diverses nuances de cette charmante race méridionale. La race type, selon moi, c'est la race basquaise, la race d'*Urt*, couleur grain de blé, admirablement prise, bien nourrie et, par conséquent, donnant des sujets plus forts que ceux qui naissent dans les Landes ou le Béarn.

La race de la vallée de Baretous et des autres vallées aux environs d'Oleron est charmante, alerte, carrée, bien prise : mais c'est la race basquaise transportée dans des montagnes aux herbes fines et rares, dans un milieu qui diminue la taille, et rend les animaux nerveux, sobres, doués en un mot des qualités propres aux bêtes de montagnes. On dit bien qu'il y a un mélange du sang des taureaux de la Navarre dans la race baretoune ; mais, quand cela serait, il n'y aurait là rien qui diminuât la valeur de ce bétail vraiment charmant ; son cornage en a reçu une direction particulière qui est, au contraire, fort séduisante.

La race des Landes, c'est encore la race d'*Urt* dans un milieu qui impose la sobriété. On me permettra d'en parler avec quelque détail.

Le bétail, dans les Landes, est assez petit, trapu, parfaitement pris dans ses membres (grav. 17), leste et énergique ; sa couleur grain de blé, plus claire autour des yeux et aux extrémités, est nuancée d'un rouge plus foncé ou de brun chez quelques animaux.

Il a les cornes fort longues, minces, déliées et souvent contournées, de couleur blanc mat et noires vers le bout.

Les animaux de cette race, fine et rustique, tout à la fois, sont d'une vivacité, d'une énergie, d'une résistance extraordinaire au travail; leur sobriété est fort grande, et leurs membres, secs et nerveux comme ceux des bœufs anglais de Devon, ont un caractère à part et dénotent une extrême légèreté.

L'agriculture est peu avancée dans le département des Landes : les prairies naturelles y sont rares et de peu d'étendue, les prairies artificielles, bien plus rares encore, et la culture du blé et du maïs absorbe tous les soins de ses laborieux paysans. Le bétail n'a guère, pour se nourrir, que l'herbe rare et dure qu'il pâture dans les *touyas* annexés à chaque métairie. Pendant l'hiver, seulement, on donne aux animaux qui travaillent un peu de foin, aux autres, de

Grav. 17. — Taureau des landes, appartenant à M. Bidot, 1er prix du concours régional de Montauban en 1856.

la paille de blé ou de maïs. Dans un grand nombre de métairies, dans celles de la *Chalosse* surtout, les bœufs sont nourris à la main. Plusieurs guichets sont pratiqués dans le mur de la pièce de la maison qui donne sur la cour entourée d'abris et de barrières où le bétail vit toujours en liberté ; c'est par ces guichets que toutes les personnes de la maison, à tour de rôle, présentent, bouchée par bouchée, la nourriture aux animaux, et Dieu sait l'industrieuse économie qui préside à la formation de chaque bouchée, qu'on introduit avec soin jusqu'au fond du gosier de l'animal qui ne peut ainsi la rejeter : on le tente par la vue d'une feuille de maïs encore verte, de quelque brin d'un foin appétissant ou d'un morceau de navet ; mais ces apparences sont trompeuses, et la pauvre bête n'avale qu'une paille bien sèche qui fût restée intacte dans son râtelier, ou lui eût servi de litière sans la supercherie de ses gardiens.

Cette méthode de soigner le bétail prend un temps énorme et absorbe presque les nuits des pauvres laboureurs, dont le jour tout entier est réclamé par les travaux des champs; mais il est merveilleux de voir avec combien peu de fourrages, de la plus médiocre qualité, on entretient dans un excellent état des bœufs qui, cependant, exécutent les labours les plus pénibles et les plus répétés.

Les vaches, beaucoup moins fortes que les bœufs, ne résistent pas moins bien qu'eux à la fatigue ; on les soumet à un dur travail, pendant même qu'elles nourrissent leurs veaux, sans leur donner aucun supplément de nourriture, et sans que cela paraisse en rien les faire souffrir.

La légèreté de ce bétail est extraordinaire; il marche parfaitement au trot sans s'essouffler ; j'ai vu des bœufs, qui n'étaient nullement habitués aux charrois, faire, sans aucune fatigue, pour le transport de la chaux, dont on use beaucoup pour l'amendement des terres, jusqu'à 75 et 80 kilomètres dans une nuit et un jour. On ne choisit même pas les attelages pour ces transports : dix ou douze charrettes partent quelquefois du même endroit pour Roquefort, elles en reviennent chargées : jamais un bœuf ne reste en route.

Ceux qui dans le département des Landes ont pris leur part d'un plaisir qui y est populaire avant tous, les courses, ont pu juger de l'agilité merveilleuse de la charmante race bovine de ces contrées. Les taureaux figurent rarement dans ces jeux, bien qu'ils portent le nom de courses de taureaux. Il est plus ordinaire d'y voir des bœufs ou des vaches aux prises avec les *écarteurs*, et faire avec eux assaut de légèreté ou d'adresse.

Ce ne sont plus ces terribles et émouvantes courses espagnoles, ce luxe de mise en scène, ces combats à outrance, le sang qui ruisselle et la mort inévitable du taureau le plus brave; c'est néanmoins la même ardeur qui passionne la foule, la même agilité, la même audace de la part des acteurs, une curieuse connaissance des mœurs de l'animal, auquel ils se présentent témérairement sans autre défense que la rapidité de leur *écart*. L'animal fond sur eux de toute son impétuosité, il ne trouve plus rien devant lui, et il s'arrête, stupéfait, pour recommencer la même lutte d'adresse. Un bon écarteur est charmant à voir : c'est à peine si, la cigarette à la bouche, il fait un léger mouvement quand le taureau fond sur lui tête baissée; les cornes rasent sa poitrine, mais il a suffisamment calculé la distance; quelquefois il attend l'animal de pied ferme, et quand celui-ci, furieux, baisse la tête pour le frapper, il lui pose un pied entre les cornes et le franchit avec sang-froid, aidé par la rapidité et la violence avec lesquelles le taureau relève la tête. Mais tous ne sont pas adroits, et maints épisodes de culottes déchirées et de novices rudement culbutés viennent égayer le spectale et forcent les prudents directeurs de ces fêtes si populaires à tenir l'animal qui est en course au moyen d'une longue corde qui prévient les accidents graves. C'est un homme expert qui d'ordinaire est chargé de ce soin, et il sait alors mesurer sa surveillance au degré d'habileté de l'écarteur : il a lui-même d'ailleurs souvent besoin d'éviter les attaques de l'animal en franchissant la barrière, et il lui faut un coup d'œil sûr.

C'est sur les bords des gaves de Pau et d'Oleron que les animaux de cette race commencent à prendre la taille et l'ampleur qui les font particulièrement rechercher dans la partie du département des Landes nommée *Chalosse*. Les vaches d'*Urt* et les bœufs du *pays basque* sont là en grande réputation, et, comme l'élevage y est fort restreint, ce sont les jeunes bœufs venus de ces contrées fort voisines qui sont presque exclusivement employés à la culture des terres. Le soin que l'on en prend et la nourriture à la main les maintiennent dans un état excellent; on exige d'eux, d'ailleurs, un travail moins rude que sur la rive droite de l'Adour, les exploitations y étant beaucoup moins étendues.

Pour conclusion, je dirai que la race dont je parle peuple toute la chaîne des Pyrénées françaises, depuis ses premières assises jusqu'à ses pâturages les plus élevés. Plus ou moins belle suivant les soins dont elle est l'objet et la nourriture qu'elle reçoit, elle est laitière à un haut degré aux environs de *Lourdes*, essentiellement travailleuse dans le *pays basque* et les vallées d'*Ossau*, d'*Argelès* et de *Bagnères de Bigorre*, d'une remarquable élégance dans la vallée de *Baretous*, près Oleron. Dans tous ces grands et beaux villages, situés au pied des Pyrénées, le nombre des bestiaux est considérable; les vaches partent le matin sous la conduite d'un berger commun pour aller paître les immenses communaux qui font la richesse de ces vallées, et n'en reviennent qu'à l'entrée de la nuit. Il est fort curieux de voir un troupeau de deux ou trois cents vaches rentrer au village et diminuer peu à peu en le traversant : chaque vache reconnaît l'habitation de son maître et s'y arrête sans aucun avertissement du vacher qui, arrivé à la dernière maison, se trouve ainsi déchargé de tout soin et seul avec le gros chien de montagne qui lui tient compagnie, et qui est bien trop grave, lui, pour se mêler en rien de la conduite des vaches : sa seule mission est de les défendre des attaques de l'ours.

CHAPITRE VI

PRINCIPALES RACES ANGLAISES

L'Angleterre possède un grand nombre de races qui tirent leur nom, soit des comtés dont elles sont originaires, soit des apparences que présente leur encornure, apparences qui impliquent de profondes différences dans toute l'économie des animaux, et qui dérivent de l'analogie qui existe entre les systèmes cuticulaires et cornés dans l'espèce bovine.

Il n'entre pas dans mon plan de fouiller tous les districts de l'Angleterre pour passer en revue les races et sous-races qu'ils renferment : ce serait un travail considérable et inutile; il me suffira d'indiquer les races les plus connues, et de parler ensuite avec détail des quatre ou cinq races qui commencent à être importées en France, dont on entreprend le croisement avec nos races indigènes, et qu'il importe par cela même de pouvoir parfaitement apprécier.

Les trois grandes divisions des races bovines anglaises sont :

La *race à longues cornes*, qui comprend toutes les races de l'Irlande et de l'ouest de l'Angleterre, du Lancashire principalement, fort variées de taille et de pelage, toutes fort rustiques, et présentant cette particularité que leurs cornes sont dirigées en bas. Les *longues cornes* ont été perfectionnées par l'illustre Bakewell; à ce titre elles ont une grande réputation, et bien que cette réputation commence à décroître, il me paraît utile d'en parler en détail, ce que je ferai plus loin.

La *race à moyennes cornes*, qui comprend un grand nombre de races du sud et du sud-ouest de l'Angleterre : de Devonshire, de Dorsetshire, de Hampshire, de Pembroke, de Sussex, de Glamorgan, jusqu'à celle du comté de Hereford, plus au nord. Dans ce nombre, celles de Hereford et de Devon sont célèbres et ont été importées en France; j'en parlerai avec détail.

La *race à courtes cornes*, à peau fine et douce, habite surtout les provinces de l'est de l'Angleterre, le Lincoln et le Yorkshire, par exemple. Cette race est, dit-on, originaire de Hollande, et il paraît certain qu'au moins à diverses époques la belle race hollandaise a été importée en Angleterre, principalement dans le Yorkshire, et que les vaches du district de Holderness, qui passent pour les meilleures laitières de l'Angleterre, ont conservé tout à fait les caractères des vaches de Hollande et du Holstein : elles y sont du reste désignées sous le nom de *vaches hollandaises*.

Les perfectionnements merveilleux qu'a reçus la *race à courtes cornes* depuis un petit nombre d'années ont répandu au loin sa réputation, sous le nom de *race de Durham*. Il y a lieu d'en parler un peu longuement, ce que je ferai.

La *race sans cornes* comprend la *race d'Angus* (grav. 18), originaire du comté de Forfar et de Kincardine, qui a été remarquée en France lors des dernières expositions universelles, surtout celle de 1856, et dont les animaux sont recherchés sur les marchés de Londres; la *race sans cornes* comprend encore celle de Galloway, de couleur noire, grande et forte, très-estimée comme race de boucherie sur le marché de Smithfield; celle de Suffolk, de couleur brune, bonne laitière, mais mal conformée; puis celle du Somerset, dite *race à ceinture*, qui n'a de remarquable que l'étrange symétrie de son pelage.

La *race de West-Highland* ou de Kiloé, remarquable par sa rusticité, habite les montagnes d'Écosse, elle a été importée en France; j'en parlerai avec détail.

La *race de Fifeshire* ou des plaines d'Écosse, qui a des variétés sans cornes, est de couleur noire, grande et forte, rustique et bonne pour la boucherie. Cette race, peu homogène, a subi toutes sortes de croisements : elle ne semble pas mériter de former une race à part.

La *race laitière d'Alderney* (grav. 19) est originaire de France, de Normandie probablement, puisqu'elle couvre les îles d'Alderney, de Jersey, de Guernesey et de Cers, qui sont en vue des côtes de France.

La *race laitière d'Ayr* est remarquable par sa sobriété et l'abondance de son lait ; elle a été importée en France; j'en parlerai plus loin.

Enfin, il faut mentionner aussi la *race sauvage blanche des forêts d'Angleterre,* race à peu près perdue, qui n'habite plus que les parcs, comme objet de curiosité, mais qui présente des caractères remarquables. Elle est d'un blanc terne, avec le mufle, l'intérieur des oreilles, le tour des yeux, la langue et les sabots noirs. Les animaux de cette tribu ont conservé un caractère sauvage ; les taureaux sont dangereux par leur méchanceté, et les vaches cachent leurs petits dans les hautes herbes, où elles vont les allaiter plusieurs fois par jour. Il existe un certain nombre d'animaux de cette race dans le comté de Galles; mais les troupeaux où elle a été conservée dans sa plus grande pureté sont celui du duc d'Hamilton dans sa forêt de *Chace of Cadzow*, et celui du comte de Tancarville dans son parc de *Chillingham.*

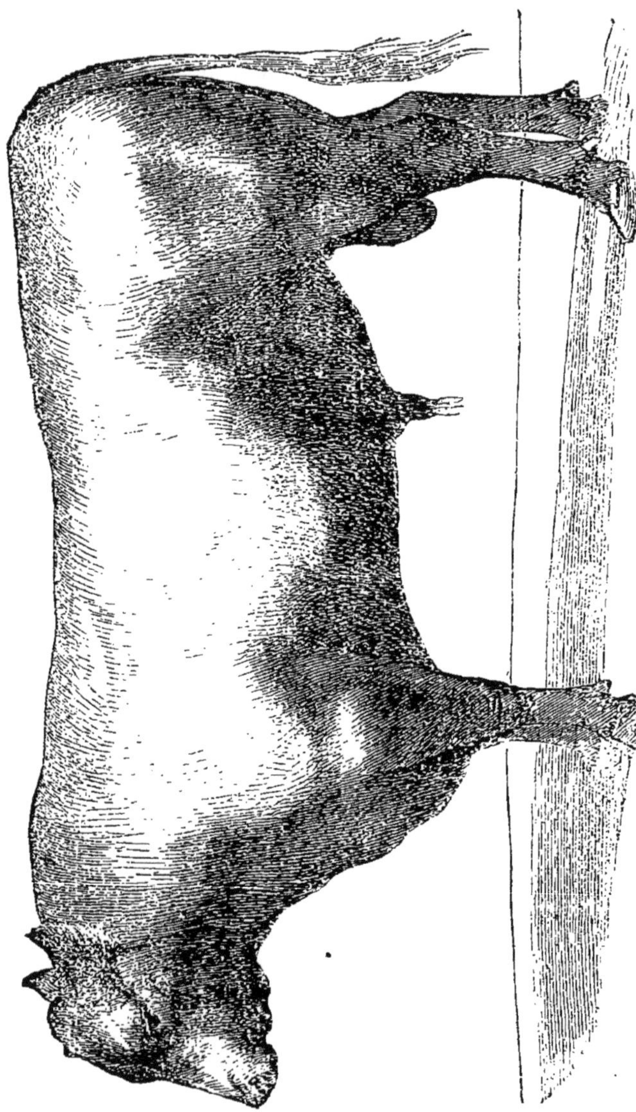

Grav. 18. — Taureau d'Angus, appartenant à M. Mac-Combie; 1er prix au concours universel de Paris en 1856.

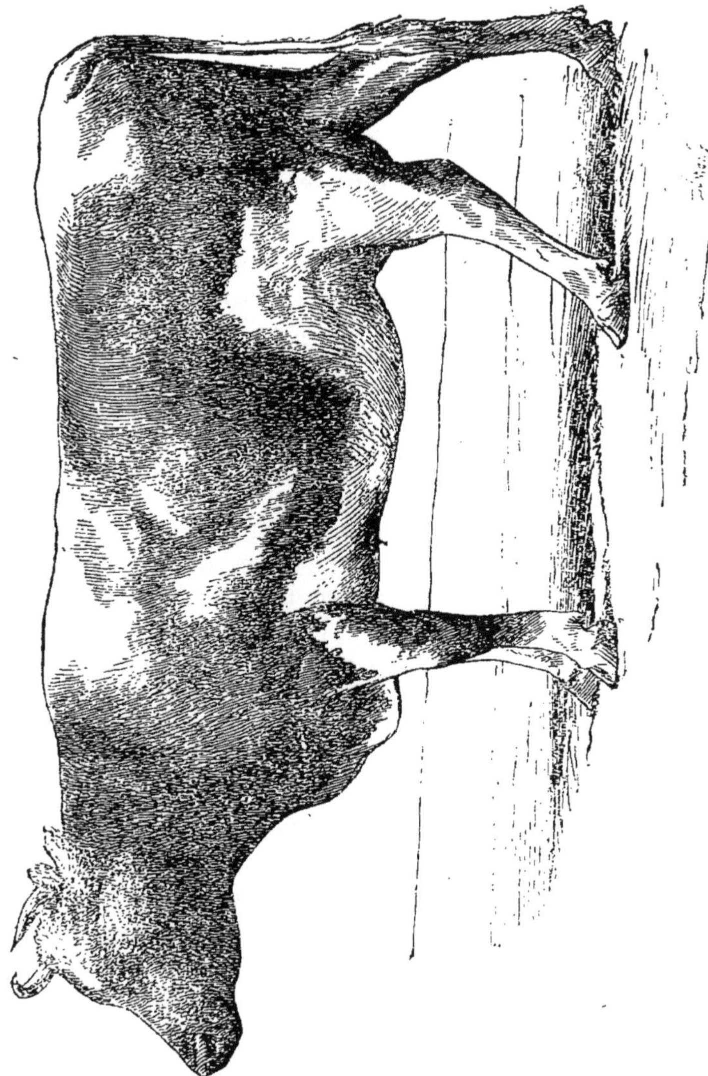

Grav. 19. — Vache d'Alderney, appartenant à M. Torode; 1er prix au concours universel de Paris en 1856.

Telles sont les principales races auxquelles on peut rattacher presque toutes les sous-races qui couvrent le sol de l'Angleterre, et dont la connaissance suffit pour apprécier une des branches de la richesse agricole de ce pays.

1. — Race à longues cornes.

La race à longues cornes n'a pas, à ma connaissance, été importée en France ; elle n'est plus déjà aussi estimée en Angleterre qu'elle l'a été ; mais le renom que lui donnèrent pendant quelque temps les perfectionnements de Bakewell, ne permet pas de la passer sous silence quand on parle avec quelque détail des races anglaises.

Cette race rustique, habituée à vivre sans abri, a tous les caractères des races grossières : elle est tardive dans son développement; ses cornes sont longues et dirigées en bas; sa peau est rude et épaisse; ses poils sont longs et durs. Le cou est d'une grosseur remarquable, et, dans aucune autre race, les quartiers de devant ne sont proportionnellement plus larges, les quartiers de derrière plus minces ; défaut énorme pour les animaux de boucherie, car la viande des quartiers de derrière est de qualité supérieure et d'un prix plus élevé.

Bien qu'elle soit répandue dans un grand nombre de comtés de l'Angleterre et fort perfectionnée dans le Leicester, M. Culley dit que le Lancashire a le droit depuis longtemps d'être appelé le pays mère des longues cornes, et que ce comté a conservé cette race dans toute sa pureté primitive. M. Donaldson, sans infirmer cette assertion, croit que cette race est originaire de l'Irlande, d'où elle a été importée dans le Lancashire qui en est fort voisin.

On ne comprend guère comment un homme aussi habile que Bakewell a cru devoir choisir cette race pour faire ses expériences d'amélioration. Il l'a certainement perfectionnée à un degré merveilleux en créant la race *Dishley* ou de *New-Leicester* ; mais que n'eût-il pas fait s'il eût pris pour point de départ de ses améliorations une race moins grossière?

Robert Bakewell naquit à Dishley en 1725 ; c'est en 1755 qu'il commença ses travaux et ses expériences sur toute sorte de bétail. Il choisit, pour la race bovine, des animaux de la race à longues cornes, estimée en Angleterre, et déjà alors améliorée, car deux éleveurs habiles, sir Thomas Gresley et Webster, de Canley, près Coventry, entretenaient depuis longues années leur vacherie avec un soin et une habileté remarquables.

Sir Thomas Gresley avait, selon M. Lawrence, choisi dans le Lancashire et le Westmoreland les belles vaches qui fondèrent son troupeau, et il les céda quelques années plus tard à Webster, qui les transporta dans le Warwickshire.

Bakewell acheta ses premières vaches de Webster et de sir William Gordon, de Garrington, qui lui vendit la mère du fameux taureau *Two-penny*, laquelle provenait du Westmoreland. Les principes qui dirigèrent cet illustre éleveur sont restés un secret : il prenait de grandes précautions de son vivant pour cacher ses croisements, et n'eut jamais, dit-on, qu'un seul confident, vieux pâtre, qui est resté aussi discret que son maître.

On présume, cependant, que Bakewell croisa constamment les animaux les plus précieux entre eux, quel que fût leur degré de parenté. Son but était de faire de la viande et de diminuer les proportions des issues; il amoindrit ainsi, d'une façon merveilleuse, la grosseur des os des extrémités, celle de la tête et du cou, et la masse des quartiers de devant au profit de ceux de derrière. La peau de cette race grossière s'assouplit, son poil devint plus doux, elle prit la graisse de bonne heure, et fut bientôt fort estimée de la boucherie ; on lui reprocha seulement d'accumuler sa graisse sous la peau, sans la mélanger à la chair; de donner peu de suif et de conserver la couleur noire de la viande : particularités de la race primitive. En transformant la race à longues cornes, et en la rendant excellente pour la boucherie, Bakewell sacrifia ses qualités laitières et diminua sa fécondité : il en a été, du reste, ainsi des perfectionnements apportés à la race laitière courtes-cornes, et il ne semble guère possible de développer à un degré extraordinaire la propension à l'engraissement des animaux, sans altérer profondément leurs autres qualités. Il ne faut pas se dissimuler cette vérité, et ce sera à chacun ensuite, suivant les pays qu'il habite, à peser les inconvénients et les avantages. Quand on est arrivé, par des croisements judicieux, à une variété que l'on regarde comme précieuse pour le but auquel on la destine, il faut savoir s'arrêter à temps; car l'abus des principes qui ont pu produire jusque-là de bons résultats peut faire décroître le bien auquel on était arrivé.

Bakewell, ainsi que je l'ai dit, semble avoir eu pour règle constante dans ses améliorations les croisements en dedans (*in-and-in*), c'est-à-dire l'accouplement des animaux du degré de parenté le plus rapproché, lorsqu'ils présentaient des qualités qu'il cherchait à développer[1]. Appliqué par un homme de génie, dans un but tout spécial, car Bakewell disait souvent : « *Tout ce qui n'est pas viande est inutile* » (et nos laboureurs du Midi, nos vachers de l'Auvergne n'en diraient pas autant), un pareil système pouvait produire de grands résultats; mais, jeté dans le monde agronomique comme un principe absolu, il présentait de grands dangers, et Robert Bakewell le comprit peut-être lui-même. On n'a pas expliqué encore pourquoi cet homme illustre n'épargna aucune peine pour cacher ses procédés à tout le monde pendant sa vie, et n'a voulu laisser après lui aucun document qui pût en instruire ses admirateurs. Peut-être cette réserve, attribuée à la cupidité, n'a pas eu d'autre cause que la crainte que les difficultés et les dangers de son système ne fissent échouer tout le monde là où il avait réussi.

Je ne veux pas parler de mon expérience personnelle en présence d'une si grande autorité que celle de Bakewell; mais je dois dire, cependant, qu'elle se trouve en parfait accord avec celle de quelques agronomes illustres et que des faits répétés et concluants m'ont révélé tous les dangers du système de Bakewell. Sir John Sinclair, dans son *Code of agriculture*, dit que le célèbre éleveur anglais Prinseps a trouvé que le décroissement de taille était inévitable par le croisement persévérant *in-and-in* (en dedans), malgré tous ses efforts pour le prévenir.

Sir John Sebright a éprouvé qu'en multipliant les races toujours *en dedans*, elles dégénéraient constamment; et ce système, essayé par un propriétaire anglais sur des porcs, finit par les amener à un tel état, que les femelles cessèrent presque entière-

(1) On appelle aussi croisement en dedans (*in-and-in*) l'accouplement des animaux d'une même race, mais de familles différentes.

ment de produire ; et lorsqu'elles engendrèrent, les petits furent si chétifs et si délicats, qu'ils moururent presque aussitôt qu'ils furent nés.

David Low, enfin, dit en parlant de l'œuvre de Charles Colling : « Par la reproduction continuelle de sa propre souche, Colling paraît avoir poussé le raffinement de l'élevage à ses dernières limites, et c'est probablement à cela qu'il dut cet affaiblissement de constitution qui ne manque jamais d'accompagner une consanguinité continuelle et forcée entre un petit nombre d'individus. Soit pour cette cause ou seulement pour varier les expériences, toujours est-il certain qu'il essaya divers croisements avec des vaches de races différentes, et notamment avec les highlands d'Écosse et les galloway. Et le croisement galloway a produit quelques-uns des animaux les plus illustres de la race. »

Quoi qu'il en soit, Robert Bakewell s'est fait un nom illustre; si sa race bovine de New-Leicester a été bientôt surpassée par celle de Durham, le mérite des Colling ne fut certainement pas égal au sien. Il eut l'incomparable mérite d'entrer le premier dans la carrière; il eût suffi d'ailleurs à sa gloire de créer sa belle race ovine de Dishley.

Si la race à longues cornes a dû céder à la race de Durham le premier rang, elle ne l'a pas moins occupé pendant longtemps; le retentissement de ses succès fut immense. Tout le monde voulut imiter Bakewell, qui trouva même de son vivant des concurrents. Un M. Folwer acheta à M. Webster, de Canley, deux vaches de la même souche que celle de Bakewell, puis il loua le taureau *Two-Penny* de Bakewell, dont la saillie était de cinq guinées (125 fr.), et fonda ainsi une souche précieuse. C'est Bakewell qui a mis en usage la location des taureaux et des béliers, qui procurent ainsi un excellent et sûr bénéfice; il louait des taureaux de 5 à 30 guinées (125 à 750 fr.) pour la saison, suivant leur mérite.

Folwer établit sa vacherie dans le Oxfordshire. Il obtint d'abord de ses deux vaches de Canley et du taureau *Two-Penny* deux vaches qu'il nomma *Long-horned-Beauty* et *Old-Nell*. Plus tard, en 1778, il loua un autre taureau de Bakewell, *D.*, qui fut le père du fameux *Shakespeare*, le phénix de la race à longues cornes, qui donna à la souche de Folwer une grande réputation ;

car, lors de la vente qu'il fit de son troupeau, en 1791, tous les animaux furent vendus à des prix fort élevés. Voici le prix d'adjudication de quelques-uns d'entre eux :

Garrick, taureau, cinq ans, par *Shakespeare ;* sa mère, *Broken-horn-Bengty ;* sa grand'mère, *Long-horn-Beauty*.	5,575 fr.
Sultan, taureau, deux ans, par *Broken-horn-Beauty*. . . .	4,500
Washington, par *Shakespeare*.	5,375
Y. Sultan, un an, par *Garrick*.	5,250
Brindled-Beauty, vache, par *Shakespeare* et *Long-horn-Beauty*.	6,825
Vache, par *Shakespeare* et *Broken-horn-Beauty*.	5,020
Vache, par un fils de *D.*, frère de *Shakespeare*.	4,856

Quelques éleveurs soigneux continuèrent l'œuvre de Backewell et celle de Folwer : ils élevaient des taureaux qu'ils louaient et qui eurent une grande influence sur l'amélioration de la race à longues cornes. L'enthousiasme dont on s'était épris pour elle ne fut pas cependant de longue durée, la race des Colling l'éclipsa bientôt par son mérite véritablement supérieur.

2. — Race de Hereford.

La belle race de Hereford, qui appartient à la catégorie des *moyennes cornes*, est de création récente, et remonte seulement à la fin du dix-huitième siècle. La race primitive, acclimatée au pied des montagnes du pays de Galles, semble avoir une origine commune avec la race de Devon; c'est du moins ce que fait supposer la couleur jaune de la peau, qui est une particularité commune aux deux races ; elle diffère cependant essentiellement de la race du Devon par sa construction, son pelage, son économie tout entière, et il n'est pas probable que les perfectionnements modernes aient pris cette race dans un état qui la rapprochât beaucoup par la forme de la race de Devonshire. Si l'origine de ces deux races a été commune, ce qui n'est rien moins que prouvé, l'influence des riches pâturages du comté de Hereford aura eu une action puissante sur le développement des formes et sur l'accroissement du poids, au point de rendre sur les marchés de l'Angleterre les bêtes de Hereford égales pour le poids aux animaux de Durham.

Quoi qu'il en soit, outre la couleur de la peau, cette race, comme celle de Sussex, comme celle de Devon, et généralement comme toutes celles connues sous le nom de *moyennes cornes*, présente cette particularité que les femelles sont beaucoup plus petites que les mâles.

La moderne race de Hereford (grav. 20) est peut-être inférieure en précocité et en perfection à la race *courtes cornes*, ce que quelques auteurs anglais contestent; mais elle est de beaucoup supérieure à la race *longues cornes*, et certainement la plus précieuse d'Angleterre après celle de Durham.

Ses bœufs sont grands, bien faits, faciles à engraisser avec une nourriture peu choisie; ils sont bons travailleurs, et leur viande est plus serrée, plus savoureuse et plus estimée que celle des bœufs de Durham.

Voici le résumé de la description qu'a faite de cette race un auteur anglais, Marshall, il y a plus de quarante ans; description qui a été regardée comme très-exacte, et qui me semble, en effet, se rapporter fort bien aux animaux que j'ai observés: « La race de Hereford a des caractères distinctifs invariables: la face blanche, les couleurs pâles et manquant de brillant, le corps puissant, la carcasse profonde; son aspect est agréable, gai, ouvert; son front large; ses yeux sont pleins et vifs; ses cornes sont brillantes, effilées, étendues; sa tête est petite, sa mâchoire maigre, le cou long et effilé; la poitrine profonde; le poitrail large et avancé; l'épaule mince, plate, sans saillie, mais bien fournie de chair; le corps ample; les reins sont larges; les hanches puissantes et sur le même niveau que l'épine dorsale; les quartiers longs et larges; la croupe est à la hauteur du dos; la queue est mince et peu garnie de poils; la cuisse délicate et s'amincissant régulièrement; les jambes sont droites et courtes; l'os au-dessous du genou et du jarret est petit; la chair unie, douce et cédant au toucher, principalement sur l'échine, l'épaule et les côtes; la peau est fine, souple, d'une épaisseur moyenne; le poil délicat, brillant et soyeux, de couleur rouge moyen avec la face blanche, ce qui est le caractère distinctif de la pure race du Herefordshire. »

C'est presque au même moment où les Colling perfectionnèrent la race à courtes cornes, que la race de Hereford a subi la transformation qui l'a élevée à une si haute réputation. Vers l'an-

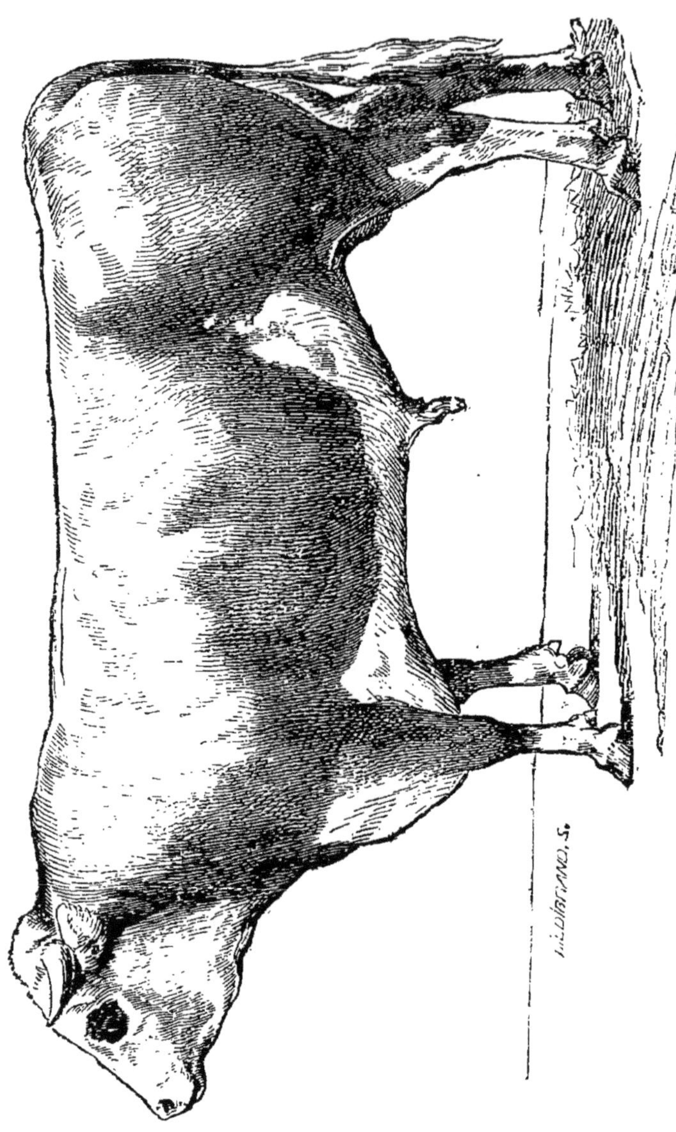

Grav. 20. — Taureau Hereford, appartenant à M. Fisher Hobbs; 1er prix au concours universel de Paris en 1856.

née 1769, *Benjamin Tomkins*, marchant sur les traces de Bakewell et s'enveloppant du même mystère, commença ses excellents croisements. Tout ce que l'on sait, c'est que *Tomkins* était au service d'un fermier dont il dirigeait la laiterie et dont il épousa plus tard la fille. *Tomkins* avait remarqué la singulière tendance à l'engraissement de deux vaches venant du pays de Galles, il les acheta lorsqu'il se maria. L'une, qui avait beaucoup de blanc, reçut le nom de *Pigeon;* l'autre, de couleur rouge, avec la tête mouchetée de blanc, fut appelée *Mottle.* Ce furent les souches de cette innombrable descendance des Hereford modernes; car *Tomkins* paraît avoir fait d'autres essais, mais s'être renfermé plus tard strictement dans l'élevage de la descendance de *Pigeon* et de *Mottle.*

Tomkins vécut fort modeste, fort discret, fort retiré, ayant l'air d'éviter plutôt que de rechercher les occasions de montrer son bétail, ce qui fit que sa réputation s'étendit fort lentement. Mais la solidité de ses résultats était incontestable, et les éminentes qualités de la race du comté de Hereford se firent peu à peu connaître au loin, et sont maintenant hautement appréciées dans toute l'Angleterre et au dehors, tandis que la race de *Bakewell*, qui fit tant de bruit pendant la vie de cet homme illustre, perd chaque jour de sa renommée.

Les premières importations qui aient eu lieu en France, de la race de Hereford, ont été faites en Nivernais, par un fermier anglais de M. Brière d'Azy, en 1820 et 1827. Ces animaux passèrent dans le pays pour être de la race de Durham, et M. O. Delafond, dans son *Histoire de l'amélioration du gros bétail dans la Nièvre,* tombe lui-même dans cette erreur. Précédemment, en 1823, M. Brière d'Azy avait en effet importé un troupeau de vaches de Durham et un magnifique taureau qui avait produit à merveille. On confondit les Hereford à leur arrivée avec les Durham; on les trouva seulement moins beaux et moins fins. Les Durham étaient parfaitement aptes à être croisés avec la race du Charollais, et ces croisements ont produit d'excellents résultats; mais il ne paraît pas qu'il en ait été de même de ceux qui ont eu lieu avec les taureaux de Hereford. La pureté de la belle race charollaise ne doit être abandonnée qu'avec de grands ménagements et une intelligence qui n'a peut-être pas présidé à tous les croisements qui ont été faits entre les vaches de cette race précieuse et des taureaux de Hereford, que rien n'indique comme ayant été de premier mérite.

8. — Race de Devon.

La race de *Devon* ou de *North-Devon* (grav. 21) est une des races les plus caractérisées de l'Angleterre et une de ses races primitives. Aucune n'a plus de cachet ni de sang. Sa couleur acajou foncé, sans aucun mélange de blanc dans les animaux de race pure, sa petite tête maigre, semblable à celle d'un chevreuil, ses yeux saillants et expressifs, ses cornes longues, minces à la base, remarquablement effilées et légères, la vivacité de sa démarche, sont les signes qui distinguent au premier coup d'œil cette race de toutes les autres.

Sa renommée est ancienne et peut-être était-elle plus appréciée à la fin du siècle dernier qu'elle ne l'est aujourd'hui; cela tient sans doute à ce que cette race, classée par sa finesse parmi celles qui exigent de bons pâturages, n'arrive jamais cependant à un poids considérable, et n'a pas une propension aussi déterminée à l'engraissement précoce que d'autres races, celle de Durham par exemple, et même celle de Hereford.

La race de Devon est infiniment remarquable, cependant : dans les pays où les pâturages sont maigres, elle a une infériorité marquée sur des races rustiques qui exigent moins de nourriture qu'elle, et peuvent ainsi acquérir un degré d'engraissement fort supérieur : dans les pays où la nourriture est abondante, au contraire, il sera peut-être préférable d'entretenir une race dont les animaux, avec les mêmes dépenses, atteindront un poids beaucoup plus considérable.

Il y a près de cinquante ans que Lawrence écrivait déjà en parlant des bœufs de Devon : « Ces bestiaux ont généralement, depuis cent ans, ou plutôt il y a cent ans, obtenu les plus hauts prix à Smithfield; mais depuis quelques années les acheteurs ont observé malignement que, quoique le *sang* et de belles formes plaisent au gentleman éleveur, cependant le poids et la qualité doivent être au marché la principale considération. » Quoi qu'il en

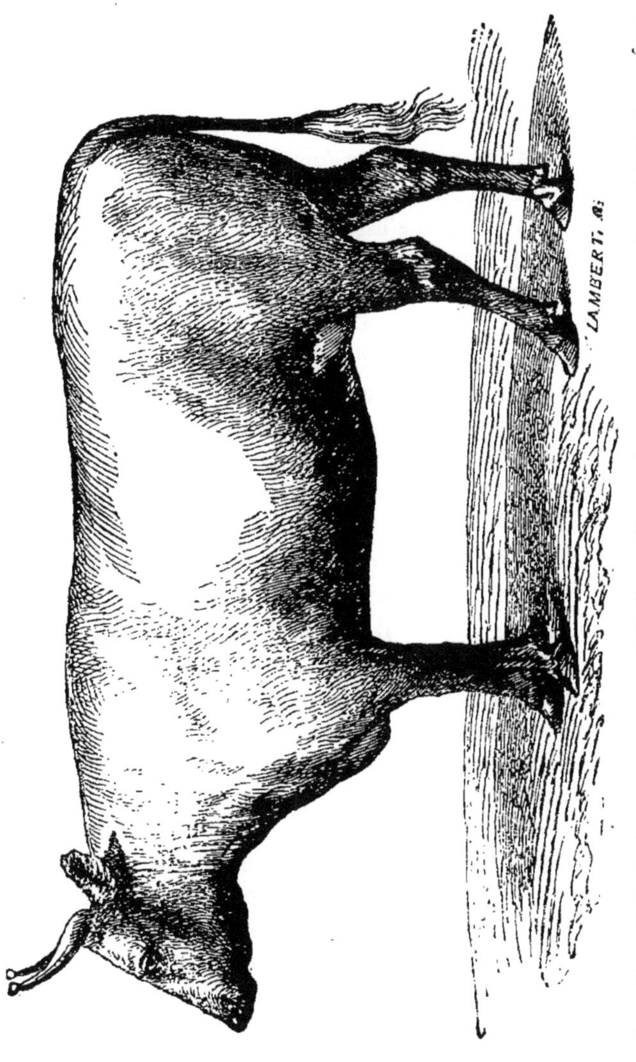

Grav. 21. — Vache de Devon, appartenant à M. George Turner; 1er prix au concours universel de Paris en 1856.

soit, les bœufs de cette race sont peut-être les plus estimés et les plus généralement répandus en Angleterre.

Pour le travail, la race de Devon n'a de rivales que dans nos races du Morvan et de l'Auvergne. Assez enlevée de terre (ce qu'on lui reproche comme race de boucherie), sa douceur unie à son énergie et à sa légèreté la rend apte, à un degré éminent, à tous les travaux de la terre. La profondeur moyenne de sa poitrine, la bonne direction de l'épaule et de ses membres, le sang qui s'y montre et y communique son énergie, malgré la petitesse des os, sa puissance musculaire enfin, lui permettent parfaitement de trotter dans le harnais sans s'essouffler, et il est reconnu dans tout le comté de Devon, dans le district surtout où cette race est conservée dans sa pureté, c'est-à-dire depuis *Barnstaple* jusqu'à *Tiverton*, que les bœufs font tous les travaux des champs aussi rapidement que les chevaux; et c'est au trot que les conducteurs les mènent au travail. Le pays est accidenté; on les attelle ordinairement par quatre, avec le joug; et *lord Somerville*, qui a étudié avec soin les services qu'a rendus cette race et qui l'a décrite il y a un certain nombre d'années, assure que le joug est infiniment préférable au collier et aux harnais, et qu'ils tirent ainsi des poids plus considérables, surtout dans un pays montagneux.

Par sa construction et son pelage, le bœuf de Devon ressemble assez au bœuf de Salers. Il y a en faveur du bœuf de Salers une grande supériorité de taille et de poids; en faveur du bœuf de Devon, une perfection de formes, une distinction dans la tête et dans les membres qu'aucune autre race ne possède à ce degré.

Les bœufs de Devon sont hauts sur jambes, un peu plats; leurs cuisses sont peu charnues, leur queue est placée très-haut, mais les hanches sont larges et musculaires, leurs membres fins et nerveux ont un aplomb parfait; leur peau est fine et souple, de couleur jaune; leur poil, d'un rouge brillant, quelquefois ondé, est doux et soyeux; ils ne laissent rien à désirer comme animaux de travail, dans les terrains légers, et présentent encore de grandes qualités comme animaux de boucherie. Leur engraissement cependant n'est pas très-précoce, et ce n'est ordinairement qu'après deux ou trois ans de travail qu'on les prépare à la boucherie. Excellents marcheurs, ils se transportent sur les principaux marchés de l'Angleterre sans perdre de leur poids; leur viande est très-estimée, très-savoureuse, très-serrée, mélangée d'une graisse jaune et fine d'un goût parfait.

Les vaches fournissent un lait butyreux, mais très-peu abondant. Elles sont petites en comparaison des bœufs qu'elles donnent; on en peut même dire autant des taureaux, qui n'atteignent jamais ni la taille ni le poids des bœufs.

Lord Somerville disait, il y a quelques années, que les taureaux étaient en général moins beaux dans cette race que dans aucune autre; mais dans ces derniers temps la race de Devon a été fort soignée, fort améliorée, et ceux de ses produits qui ont été importés en France sont vraiment séduisants et fort remarquables, sous tous les rapports. Je dois citer surtout un taureau qui était au Pin, et qui avait été transporté à l'ancien institut agronomique de Versailles, *Prince of Wales*. C'était certainement l'animal le plus accompli qu'il fût possible de voir.

Prince of Wales avait remporté le premier prix des animaux de Devon, au concours de la Société royale d'agriculture d'Angleterre, à Southampton; il était né chez M. Turner, et avait été importé en 1845; alors bien qu'âgé de neuf ans, il était aussi énergique et aussi prolifique qu'aucun autre taureau.

4. — Race de Durham.

De toutes les races bovines anglaises, la plus importante, la plus renommée est, sans contredit, la race *courtes cornes* améliorée, dite *race de Durham*.

La race de Durham a été, depuis plusieurs années, importée en France, reproduite dans sa pureté, employée à des croisements de toutes sortes; elle est connue partout; elle est le sujet de contestations animées; elle est, selon moi, souvent mal employée, et souvent aussi elle peut faire beaucoup de bien. Je crois donc utile d'en parler un peu longuement et de discuter son mérite incontestable, soit comme race pure, soit comme race de croisement.

La race des *courtes cornes* a, dit-on, pour première origine une importation de vaches hollandaises et du Holstein, qui développèrent à un degré éminent les qualités laitières de la race bovine des bords de l'Humber et de la Tees et des plaines du Yorkshire. Elle fut nommée race de Durham, ou race de Teeswater (la rivière de la Tees sépare le comté de York de celui de Durham), et sous ce nom elle fut recherchée en Angleterre et devint l'objet des soins des éleveurs intelligents du pays. On cite, entre autres, M. Milbank de Birmingham et M. Dobinson.

Cette race était donc déjà renommée depuis longtemps par sa taille, sa pesanteur et ses qualités laitières, lorsque, en 1770, deux frères, Robert et Charles Colling, entreprirent de l'améliorer encore davantage. Les frères Colling lui firent subir une véritable révolution, leur nom demeure attaché à cette œuvre, et se répète avec honneur dans toute l'Angleterre.

Le but de ces éleveurs intelligents fut d'amener, par des croisements successifs, avec une patience et un esprit d'observation fort remarquables, la race indigène à la diminution de volume des os concordant avec l'augmentation des masses charnues, avec la précocité du développement, et la disposition à l'engraissement. Ils réussirent d'une façon merveilleuse, mais en diminuant un peu la taille de la race et ses qualités laitières. La vacherie de Colling acquit bientôt une réputation qui fut la source d'une grande fortune. Un bœuf de leur race, connu sous le nom de *Durham ox*, et qui voyagea pendant six ans en Angleterre, montré comme objet de curiosité, ne contribua pas peu à cette réputation.

Durham ox, âgé de cinq ans, fut vendu par *Charles Colling*, en 1801, à *M. Bulmer*, de Harmby, moyennant 3,500 fr. Il était de taille ordinaire, mais très-gras, et pesait en vie 1,370 kilog.; son poids mort était estimé à 1,066 kilog. Quelques jours après l'avoir acheté, *M. Bulmer* vendit *Durham ox* et la charrette qui le portait à *M. John Day*, moyennant 6,250 francs; c'était le 14 mai 1801. Le même jour, M. Day pouvait le revendre 13,125 fr. Le 13 juin, on lui en donna 25,000 fr.

En 1807, *Durham ox* se démit une hanche; on l'abattit après deux mois de souffrances, et malgré le dépérissement qui avait dû s'ensuivre, il pesait encore 1,186 kilog. 870 gr., poids mort.

On cite encore une vache de cette race qui n'était pas moins étonnante que *Durham ox* : l'épaisseur de sa graisse était estimée à 0m, 30, depuis les hanches jusqu'à la queue, à 0m, 25 sur les reins, et à 0m, 22 sur les épaules.

La qualité qui fut le plus appréciée dans la race des Colling, ce fut sa précocité pour l'engraissement. On n'avait jamais vu jusqu'alors une espèce de bétail qui s'engraissât aussi jeune et qui atteignît un si haut poids avec une alimentation aussi peu coûteuse. De jeunes bœufs, de l'âge de deux à trois ans, pesaient, en poids mort, de 684 kilog. à 777 kilog.; aussi la vente des animaux de la vacherie de *Charles Colling*, qui commença à les répandre dans toutes les parties de l'Angleterre, et qui fut suivie, quelques années après, de la vente de ceux de *Robert Colling*, montre-t-elle l'enthousiasme dont on s'éprit pour cette race.

Voici un tableau de la vente de *Charles Colling* :

TAUREAUX.

NOMS	NOM DE LA MÈRE	NOM DU PÈRE	AGE	PRIX DE VENTE
Comet	Phœnix	Favourite	6	26,250 »
Yarborough	Fille de Favourite	Cupid	9	1,443 75
Major	Lady	Comet	3	5,250 »
Mayduke	Cherry	Comet	3	3,806 25
Petrarch	Old-Venus	Comet	2	9,581 25
Northumberland	. . . .	Comet	2	2,100 »
Alfred	Venus	Comet	1	2,887 50
Duke	Duchess	Comet	1	2,756 25
Alexander	Cors	Comet	1	1,653 75
Ossian	Magdalene	Windsor	1	1,995 »
Harold	Red-Rose	Windsor	1	1,312 50
VACHES.				
Cherry	Old-Cherry	Favourite	11	2,178 75
Kate	. . . .	Comet	4	918 75
Peeress	Cherry	Favourite	5	4,462 50
Countess	Lady	Cupid	9	10,500 »
Celina	Countess	Favourite	5	5,250 »
Johanna	Johanna	Favourite	4	3,412 50
Lady	Old-Phœnix	Un petit-fils de lord Brolingbroke	14	5,407 50
Laura	Lady	Favourite	4	5,512 50
Cathelene	Une fille de la mère de Phénix	Washington	8	3,937 50
Lily	Daisy	Comet	3	10,762 50
Cors	Countess	Favourite	4	1,837 50
Daisy	Old-Daisy	Un petit-fils de Favourite	6	3,675 »
Beauty	Miss Washington	Marske	4	3,150 »
Red-Rose	Elisa	Comet	4	1,181 25
Flora	. . . .	Comet	3	1,877 50
Miss Peggy	. . . .	Un fils de Favourite	3	1,575 »
Magdalene	Une génisse par Washington	Comet	3	4,462 50

VEAUX MALES (au-dessous d'un an).

NOMS.	NOM DE LA MÈRE.	NOM DU PÈRE.	AGE	PRIX DE VENTE.
Ketson	Cherry	Comet	»	1,312 50
Young-Favourite	Countess	Comet	»	3,675 »
George	Lady	Comet	»	3,412 50
Sir Dimple	Daisy	Comet	»	2,362 50
Narcissus	Flora	Comet	»	395 75
Albion	Beauty	Comet	»	1,575 »
Cecil	Peeress	Comet	»	1,462 50
GÉNISSES.				
Phœbé	Mère par Favourite.	Comet	»	2,756 25
Young-Duchess	Mère par Favourite.	Comet	»	4,805 75
Young-Laura	Laura	Comet	»	2,887 50
Young-Countess	Countess	Comet	»	5 407 50
Lucy	Par Washington	Comet	»	3,465 »
Charlotte	Cathelene	Comet	»	3,570 »
Johanna	Johanna	Comet	»	918 75
GÉNISSES (au-dessous d'un an).				
Lucilla	Laura	Comet	»	2,782 50
Calista	Cora	Comet	»	1,312 50
White-Rose	Lily	Yarborough	»	1,968 75
Ruby	Red-Rose	Yarborough	»	1,312 50
Cowsip	. . . .	Comet	»	656 25

Prix total des 47 bêtes, dont 12 au-dessous d'un an : 177,896 fr. 25 c.

De 1810 à 1848, il a été fait en Angleterre quarante-huit ventes publiques d'animaux de la race Durham pure. Ces diverses ventes comprenaient 2,060 têtes, et ont produit 2,912,005 fr., prix moyen 1,413 fr. 59 par tête.

Depuis ce temps, des ventes nombreuses ont eu lieu, et les prix se sont élevés encore. M. Towneley, à la suite du dernier concours de Warwick, a refusé 52,500 fr. pour un jeune taureau, *Royal-Butterfly*, et deux génisses d'un an. Les dispositions vraiment prodigieuses de la race Durham au développement précoce et à l'engraissement sont incontestables.

Des expériences nombreuses ont été faites pour comparer des animaux de cette race avec ceux de *Normandie*, de *Chollet*, du *Charollais*. L'avantage du bon marché et de la précocité de l'engraissement est resté incomparablement aux Durham. Leur chair, est peut-être moins faite, moins serrée, mais sa qualité est satisfaisante, et le rendement en viande nette est toujours supérieur à celui de nos races indigènes.

Les qualités laitières de la race Durham, amoindries certainement par la constante prédisposition des femelles à la graisse, sont bonnes encore, cependant, sans être de premier ordre. M. de Sainte-Marie cite des vaches de *M. Witaker*, dans le Yorkshire, qui donnaient de 30 à 35 litres de lait par jour; c'est là une rare exception, et si on rapproche ces chiffres de ceux du tableau soigneusement fait pour les vaches importées, ou nées en France et appartenant aux établissements de l'État, on trouvera une immense différence. Une seule vache, *Empress*, a donné, *au Pin*, jusqu'à 20 litres, en 1839. — A Saint-Lô, deux vaches, *Jessy* et *Hécate*, donnaient aussi 20 litres en 1843 et 1844.—*Duchess* en donnait 25; à *Poussery*, *Diamond* a donné 17 litres après le sevrage. Au *Camp*, aucune vache ne donnait plus de 14 litres en 1847 et 1848; mais ce sont là des *maxima*, et la moyenne ne va pas à plus de 9 à 11 litres : c'est encore un résultat satisfaisant pour des animaux réunissant tant d'autres qualités.

Mais ce que je nie absolument, c'est que la race de Durham soit bonne pour le travail.

Les partisans du sang de Durham affirment que l'aptitude au travail des diverses races françaises n'a été en aucune façon diminuée par le métissage. La question est trop importante, trop à l'ordre du jour, pour qu'elle ne mérite pas un examen attentif.

Quels sont les caractères principaux des animaux de la race de Durham dans toute sa pureté (grav. 22) ? Les voici, d'après M. Lefebvre Sainte-Marie lui-même, un des défenseurs de l'aptitude de cette race pour le travail :

« Leurs os, surtout ceux des extrémités, sont amincis; leur tête est large dans la région du frontal et s'amincit vers le mufle; le cou est raccourci, léger chez les femelles, épais chez les mâles; l'épaule droite, épaisse, s'unit avec le cou presque sans aucune saillie des os; la poitrine haute, profonde et large, descend parfois jusqu'aux genoux, se projette en avant, perpendiculairement au point d'attache du cou avec la tête, et produit entre les jambes un écartement tel que certains animaux ont peine à marcher. Le garrot *doublé* forme avec le dos et les reins une surface droite,

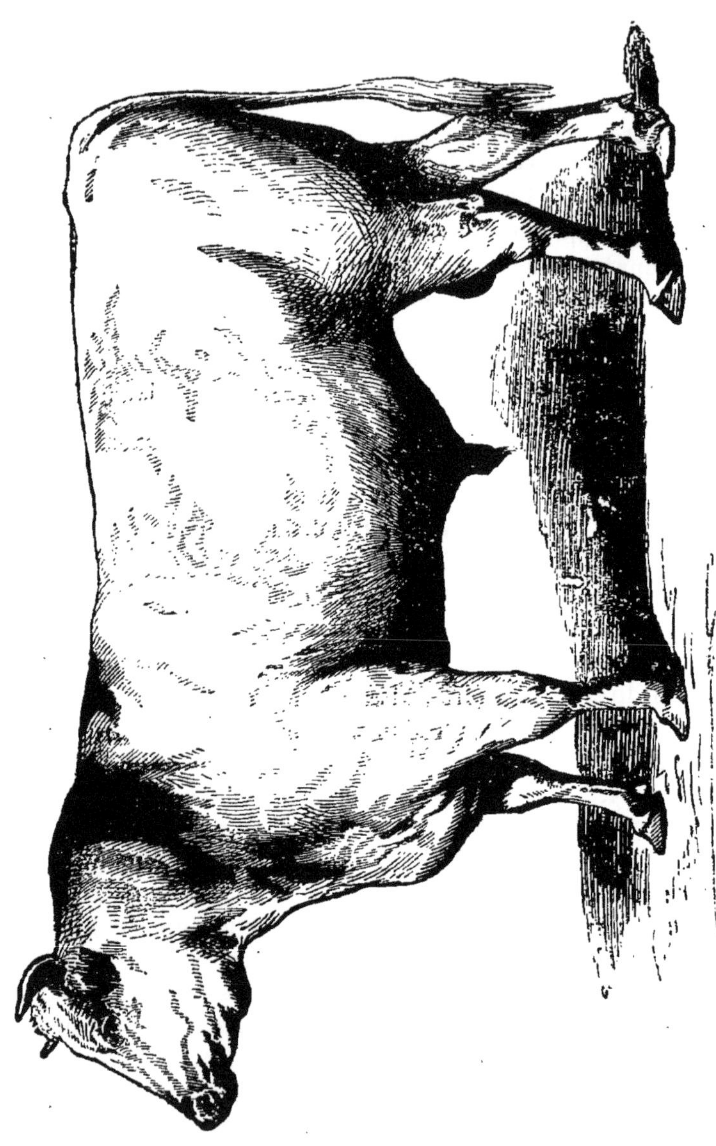

Grav. 32. — Taureau durham, appartenant à M. Charles Towneley; 1er prix au concours universel de Paris en 1856.

horizontale qui, développée sur ses côtés par la forte courbure des côtes et la dimension extraordinaire des hanches et du bassin, offre l'aspect d'une table en carré long. La masse du corps est profonde, près de terre ; la chair descend jusqu'aux genoux et aux jarrets. A l'état d'embonpoint, toutes les saillies d'os sont recouvertes de graisse, et le corps présente de nombreuses boursouflures sur le sternum, les épaules, le dos, les côtes, les hanches, la queue. »

Cette description donne certainement une excellente et fort juste idée de la masse énorme que présente un bœuf de Durham. Ces formes puissantes, le développement extraordinaire des principaux organes, le remplacement des parties osseuses par les parties charnues et graisseuses, font comprendre immédiatement quel avantage présentent les animaux de cette race pour la précocité de leur engraissement et le poids énorme auquel on peut aisément les faire parvenir ; mais en même temps il devient évident que ces mêmes animaux ne peuvent pas être nerveux et légers, qualités indispensables à des bœufs de travail, que leur propre poids ne doit pas fatiguer à l'excès, ou faire enfoncer dans les guérets humides, ou essouffler à l'ardeur du soleil du Midi.

Un métissage prudent peut bien ne pas faire perdre à la race sur laquelle on opère toute son aptitude pour le travail ; mais il suffit qu'il doive tendre à la diminuer dans des proportions quelconques, pour que l'on en redoute l'emploi.

Dans les pays où la culture est faite exclusivement par le bœuf, augmenter encore la lenteur du travail si reprochée à cet animal, modifier peut-être la durée journalière de ce travail, c'est porter une atteinte profonde à tout un système économique qui peut avoir ses défauts, mais qui a aussi des conditions de sécurité qui le défendent et le protégent contre de dangereuses innovations.

D'un autre côté, exiger la précocité, la prédisposition à l'engraissement dans un bœuf rude et vigoureux au travail, c'est vouloir résoudre un problème que les praticiens et les physiologistes déclareront insoluble. L'énergie et la force ne se trouvent jamais qu'exceptionnellement dans l'animal lourd et gras, très-tendre même seulement ; et quelque penchant que nous ayons à choisir dans nos races du Midi les animaux les plus fins, à la peau la plus souple, les plus faciles à engraisser, nous devons toujours résister à cet entraînement, dans la crainte d'avoir de mauvais ou de médiocres travailleurs qui laissent nos travaux en arrière, nos récoltes en souffrance, nos bras inoccupés.

Malgré les éminentes qualités de la race de Durham, je n'hésite donc pas à conseiller de repousser les taureaux de cette race de tous les pays où l'on élève pour le travail. Bien au contraire, j'en conseille l'emploi aux cultivateurs de tous les pays où l'on élève pour la boucherie, et où l'on a un si évident avantage à ne pas garder inutilement dans les herbages des animaux plus lents à grandir, à se former, plus coûteux même à nourrir que ceux de la race de Durham.

Les Anglais, en créant la race de Durham, n'ont certainement pas voulu faire une race de travail, mais seulement une race de boucherie : sachons profiter de leurs exemples sans compromettre les intérêts de notre agriculture par un amour irréfléchi du progrès.

5. — Race ayrshire.

J'ai dit dans la première édition de ce livre que ceux qui avaient visité l'institut agronomique de Versailles et la curieuse collection d'animaux indigènes et étrangers qu'il avait un instant renfermée, avaient dû y remarquer dix vaches charmantes, d'un rouge clair ou fauve, moucheté ou mélangé de blanc, un peu plus grandes que nos vaches bretonnes, d'une harmonie et d'une élégance de formes incomparables. Ces vaches appartenaient à la race du comté d'Ayr, en Écosse, renommées dans tout le Royaume-Uni comme excellentes laitières; par leur vigueur, leur sobriété, leur douceur et l'abondance de leur lait elles faisaient à la ferme de Gally l'admiration du vacher suisse qui leur donnait ses soins. J'ajoutais que si cette race (grav. 23) était connue en France, elle y serait certainement recherchée.

Depuis cette époque, j'ai acquis, sur les vaches de la race d'Ayr, une expérience qui me permet d'en parler avec plus d'autorité. Frappé comme tout le monde des qualités de ces vaches et guidé par les renseignements obligeants de leur introducteur, M. Lefebvre de Sainte-Marie, inspecteur général de l'agriculture, je

Grav. 25. — Taureau d'Ayr, appartenant à M. le marquis de Dampierre; 1er prix au concours universel de Paris en 1855.

ne tardai pas à me mettre en rapport avec un fermier du duc d'Hamilton, dans le comté d'Ayr, et à faire venir un certain nombre d'animaux de cette race : peu à peu j'ai pu former une vacherie qui se compose en ce moment de vingt-trois têtes, dont onze vaches adultes et pleines et sept génisses. Ce n'est pas seulement pour moi que j'ai fait venir à trois reprises des vaches d'Ayr; j'ai été heureux de profiter des rapports établis avec l'Écosse pour en procurer à plusieurs personnes, entre autres au marquis de Vogué, dont une des vaches introduites remporta le prix au concours de 1855, battant les autres vaches venues d'Angleterre, même celles du prince Albert. Au même concours, une autre vache d'Ayr m'obtenait le deuxième prix. Puis vinrent les vaches du comte de Nanteuil, du baron Paul Benoist d'Azy, de MM. Boigue, Allier, etc. Malheureusement le dernier envoi de vaches, surpris en route par une tempête, souffrit tellement, que plusieurs bêtes moururent, ce qui m'a fait renoncer à d'autres importations semblables. Pour ce qui me regarde, d'ailleurs, ma vacherie est complète, elle peut s'entretenir par elle-même, et je ne pourrais guère ajouter, je pense, aux qualités des animaux qui la composent; car j'ai pris soin d'avoir dès le principe des vaches primées dans les concours d'Angleterre, et n'ai gardé que des reproducteurs de choix. Aussi mes taureaux ont-ils obtenu le premier prix aux concours universels de 1855 et de 1856 et dans plusieurs concours régionaux, et je les vends très-facilement. Le rendement en lait de mes vaches est excellent; plusieurs donnent 23 litres de lait par jour, aucune ne donne moins de 16 litres, — au moment du plus grand rendement, bien entendu. De plus, ces vaches conservent leur lait d'une manière remarquable, et j'ai obtenu plusieurs fois, de vaches différentes, 10 litres de lait un mois avant le vêlage; mais ceci est une expérience que je regarderais comme un abus de faire passer dans la pratique. La qualité du lait des vaches d'Ayr est excellente.

Ce n'est pas sans étonnement, lorsque j'ai voulu remonter à l'histoire de la race d'Ayr, que j'ai reconnu que sa noblesse était loin d'être ancienne. Aucun des auteurs anglais qui m'ont donné de si utiles renseignements sur les autres races anglaises, ne mentionne cette jolie race d'Ayr : C'est, au contraire, un accord parfait pour mal parler du comté d'Ayr, de l'imperfection de son agriculture, de sa stérilité même, de l'inintelligence et de la malpropreté de ses habitants, de la pauvreté de ses bestiaux, des mauvais soins qui leur sont donnés.

David Low seul, qui constate comme moi ce manque de tous renseignements écrits sur la race d'Ayr, donne quelques éclaircissements intéressants sur son origine et sa situation présente; renseignements que je ne crois pouvoir mieux faire que de reproduire textuellement.

« L'ancienne race du pays semble, dit-il, avoir appartenu à ces grossières races de bœufs à cornes d'une longueur moyenne, qui occupaient autrefois les montagnes centrales au sud du Forth, et s'étendaient même dans la plaine. M. Ayton, qui publia un *Traité sur l'agriculture laitière du comté d'Ayr*, en 1825, la décrit d'après ses propres observations, comme une race chétive et mal conformée, sans aucune supériorité sur celles qui existent encore avec elle dans quelques-uns des districts des montagnes. Les animaux étaient généralement, à ce qu'il nous apprend, de couleur noire, avec des marques blanches sur la face, le dos et les flancs; peu de vaches donnaient plus d'un et demi à deux gallons de lait par jour (9 à 10 litres) après le vélage, et pesaient, lorsqu'elles étaient grasses, plus de 20 stones (127 kil.); mais, depuis cette époque, le sang des Ayrshire primitifs a été mélangé avec d'autres races. Il est établi, par des autorités compétentes, que, dès le milieu du dernier siècle, le comte de Marchmont introduisit, dans ses propriétés du Berweckshire, un taureau et plusieurs vaches de la race de Teeswater, alors connue sous le nom de race hollandaise ou du Holstein, qui lui avaient été fournis par l'évêque de Durham. Divers autres propriétaires amenèrent aussi dans leurs parcs des vaches étrangères, probablement de la même race. On ne peut pas dire avec certitude quelle fut l'influence exercée par ces importations accidentelles sur la race primitive d'Ayrshire, et la tradition rapporte même à une importation antérieure de vaches de race Alderney dans la paroisse de Dunlop les premières améliorations remarquables qui eurent lieu sur les vaches de ce pays et leur produit en lait. Cette opinion est encore justifiée par la ressemblance qui existe entre la race alderney et les ayrshires modernes, et qui est telle, que, même sans la tradition, on est tenté de croire que le sang de ces deux races a été fortement mélangé. On remarque en effet dans les deux races la même espèce de cornes et la même couleur de la peau; enfin, la conformation générale offre tant d'analogie, que souvent on peut confondre une vache de Jersey avec une vache ayrshire. Aussi, malgré l'absence de documents authentiques à cet égard, on peut affirmer que la race laitière d'Ayrshire doit les caractères qui la distinguent de l'ancienne race à son croisement avec les races du continent anglais et avec la race laitière d'Alderney.

« La nouvelle race ayrshire peut occuper la cinquième ou sixième classe, sous le rapport de la taille, parmi les races de la Grande-Bretagne. Les cornes sont petites et courbées en dedans à leur extrémité; comme celles des alderney. Les épaules sont légères et les reins très-larges et profonds, conformation qu'on rencontre souvent chez les animaux qui donnent beaucoup de lait. La peau est modérément douce au toucher, et d'une couleur jaune-orange que l'on aperçoit sur les paupières et la mamelle. La couleur dominante est un rouge-brun, mélangé plus ou moins de blanc. Le mufle est ordinairement noir, mais souvent il est couleur de chair. Les membres sont grêles, le cou petit et la tête n'a aucune trace de grossièreté. Les muscles de la partie interne des cuisses sont minces, et la hanche est souvent très-rapprochée de la queue, caractère qui existe aussi dans la race alderney, et qui, bien qu'il détruise la symétrie de l'animal, n'est pas considéré comme incompatible avec l'aptitude à la sécrétion abondante du lait. Les tetines sont de moyenne grandeur et assez fermes. Les vaches sont très-douces, très-dociles, et assez rustiques pour se contenter de la nourriture la plus ordinaire; elles donnent une grande quantité de lait, en proportion de leur taille et des fourrages qu'elles consomment, et ce lait est d'excellente qualité. Lorsqu'elles sont en bonne santé, sur de gras pâturages, elles peuvent donner dans l'année de 800 à 900 gallons (3,650 à 4,000 litres), c'est-à-dire en moyenne 10 à 11 litres de lait par jour, bien que, en tenant compte des plus jeunes et des moins productives, 600 gallons (2,750 litres) ou en moyenne 7 litres et demi de lait par jour puissent être considérés comme un bon produit moyen pour l'ensemble d'un troupeau dans la plaine, et que l'on obtienne quelquefois un produit moindre des vaches d'une étable à lait dans les montagnes. »

Ainsi donc cette charmante race aurait pour origine l'importation dans un pauvre comté d'Écosse des vaches de races hollandaise et normande; car la race d'Alderney n'est autre chose que la race normande naturalisée dans les petites îles anglaises qui sont en vue des côtes de France. Il nous faut admirer une fois de plus la supériorité des Anglais sur nous dans tout ce qui se rapporte à l'acclimatation, au croisement et au perfectionnement des races, quel que soit l'usage qu'ils aient en vue. Sachons au moins profiter des succès de nos voisins.

Je regarde la race d'Ayr comme très-précieuse pour la France. Sa rusticité et sa sobriété sont aussi remarquables que ses qualités lactifères, et des taureaux de cette race croisés avec des vaches indigènes de races déjà laitières donnent des produits excellents, notamment lorsqu'on la croise avec la race bretonne, dont ils perfectionnent les formes déjà charmantes, tout en lui donnant plus d'ampleur, de taille et de poids.

J'ai croisé des taureaux d'Ayr avec des vaches normandes, durham-normandes, durham-schwitz, bretonnes, etc., et j'ai toujours été étonné de voir les veaux résultant de ces diverses expériences conserver tout à fait le cachet de la race d'Ayr : cette race a donc atteint un degré de fixité remarquable, ce que dénote d'ailleurs assez la parfaite homogénéité de tous les individus de la race pure elle-même. Jamais un cultivateur un peu connaisseur ne se méprendra à première vue sur un individu de la race d'Ayr; toujours, aussi, il reconnaîtra les traces d'une goutte de ce sang mêlée à une autre race : ce sont là, je pense, des indices certains que les taureaux d'Ayr peuvent communiquer à un haut degré les qualités de leur race.

6. — Race de West-Highland.

Lors de la discussion du budget de l'agriculture de 1850 à l'Assemblée nationale, un spirituel député, M. Howyn de Tranchère, critiquant fort sévèrement l'Institut agronomique de Versailles, annonça, au grand amusement de la Chambre, l'introduction dans les étables de l'Institut de vaches qui avaient pour tout mérite de ne pas donner de lait et de dévorer leur berger. C'était de deux troupeaux d'animaux de la race West-Highland, l'un de couleur brune, l'autre de couleur blonde, que voulait parler l'honorable M. Howyn de Tranchère. L'aspect sauvage de ces animaux, leur poil épais, leur crinière frisée qui retombe jusque sur les yeux des taureaux, leur air menaçant et leurs longues cornes, l'avaient frappé d'étonnement. Il n'est que trop certain que les vaches de West-Highland sont de détestables laitières; mais ces animaux possèdent, en compensation, de remarquables qualités comme bêtes de boucherie, et elles devaient trouver place dans une collection des races les plus remarquables de l'Angleterre.

La race de West-Highland (grav. 24) est la race des montagnes d'Écosse, race éminemment rustique, parfaitement adaptée aux conditions climatériques de ce pays, et offrant toutes les apparences d'une race ancienne et soignée, sans cesser pour cela d'être sobre et vigoureuse. Les animaux n'atteignent pas une haute taille; mais leur rein est droit et bien pris, leur corps parfaitement cylindrique et d'une profondeur remarquable, comparativement à leurs jambes, qui sont courtes, et dont les os sont fort minces. Les côtes sont parfaitement arquées, la poitrine est large et haute. La couleur de la robe est fort variée; mais les principales nuances sont le brun foncé, le blond et le gris.

J'ai vu des vaches blanches qui rappellent parfaitement les caractères de l'ancienne race blanche des forêts. Plusieurs auteurs donnent, du reste, à cette race, cette origine, et l'illustre professeur de l'université d'Édimbourg, David Low, est de ce nombre; il regarde ces deux races comme parfaitement identiques, et ajoute : « La principale différence qu'on remarque est dans les habitudes modifiées naturellement par l'état de liberté chez les uns, de domesticité chez les autres; mais qui disparaît aussitôt que les animaux sont placés dans des circonstances semblables. Ainsi j'ai dit déjà que la race sauvage supporte la domesticité avec une extrême facilité; quant à la race privée, si on l'abandonne à l'état de liberté entière, elle prend exactement toutes les habitudes de la race sauvage, l'instinct farouche, l'agilité, la précaution des mères de cacher leurs petits, et le reste. Dans quelques rares forêts de pins qui subsistent encore au nord de l'Écosse, les vaches

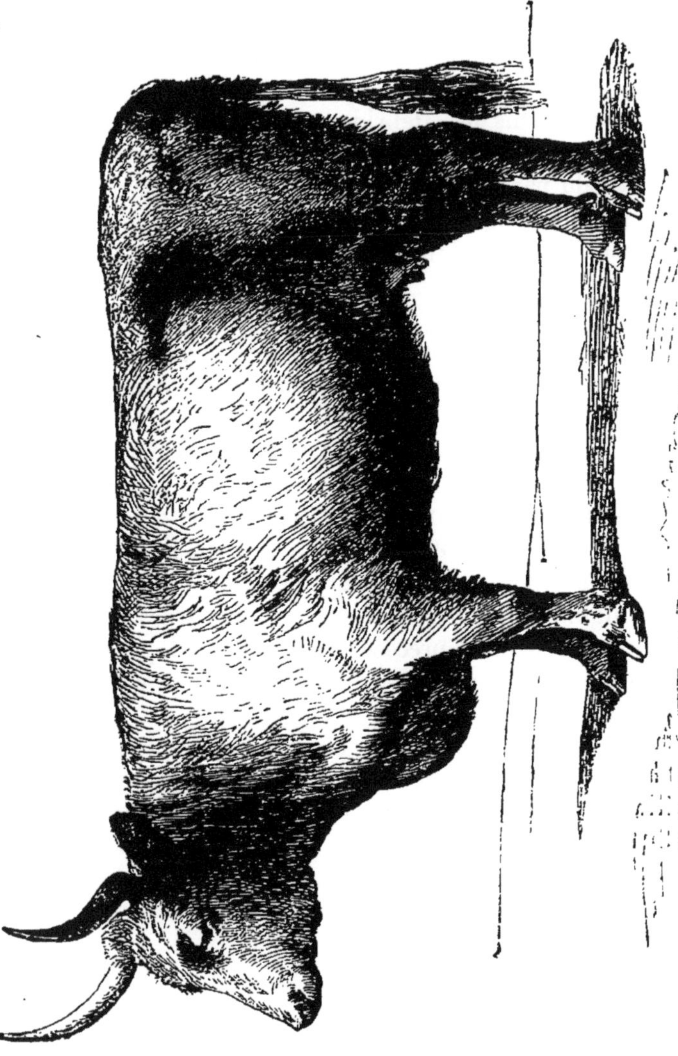

Grav. 24. — Vache west-highland, appartenant à M. le duc de Surtherland;

10.

abandonnées deviennent aussi sauvages que les bêtes fauves, et on les chasse de la même manière. Quelquefois même la couleur blanche de l'*urus* reparaît, et la presque totalité des caractères de cette race est ainsi reproduite dans les troupeaux du nord des Highlands. Il naît quelquefois des individus blancs parfaitement semblables à la race sauvage, et qui présentent jusqu'aux marques des oreilles; dans les Hébrides extérieures, la couleur du bétail est assez généralement d'un brun blanchâtre, analogue à celle du bétail du parc de Hamilton; ce qui est remarquable, en outre, c'est que les habitants de ces îles parlent toujours dans leurs contes et leurs ballades d'un bétail des fées (Fayry-Cattle) qui était de couleur blanche. »

Le comté d'Argyle a été le premier qui, vers la moitié du dernier siècle, ait donné des soins d'une haute intelligence à la race indigène; c'est encore là qu'on la retrouve dans sa plus grande perfection et sa plus grande taille. Un duc d'Argyle, dans sa résidence d'*Inverary* (ces noms glorieux sont bien connus des lecteurs de Walter Scott), fut le premier à mettre la main à l'œuvre; il eut de nombreux imitateurs; peu à peu l'amélioration s'étendit à toute la contrée; mais la race n'en a pas moins pris le nom de west-highland (highland de l'ouest), et c'était justice.

Les west-highlands sont fort estimés comme bêtes de boucherie, et d'un engraissement précoce. Ainsi que l'indique leur conformation, les vaches sont très-mauvaises laitières; c'est là leur principal défaut.

On a essayé des croisements avec d'autres races, ils ont peu réussi, et les animaux qui en résultaient n'avaient ni la beauté du type améliorateur, ni la rusticité des west-highlands. Je crois cependant qu'en ne poussant pas trop loin les croisements, l'emploi d'un taureau de Durham avec des vaches west-highland doit donner d'excellents résultat

---

CHAPITRE VII

PRINCIPALES RACES SUISSES

1. — Race fribourgeoise.

Contrairement à ce qui se passe dans les parties les plus montagneuses de la Suisse, le canton de Fribourg a vu depuis trente ans s'augmenter dans de notables proportions le nombre de ses bêtes bovines; et cependant elles ne sont plus recherchées comme elles l'étaient autrefois par les éleveurs qui s'occupent du perfectionnement de leurs races indigènes : à tort ou à raison, les races anglaises les ont supplantées. Cette augmentation fort notable a sa cause évidente dans les perfectionnements apportés à l'agriculture de ces contrées, à un plus grand soin et une plus grande habileté dans les irrigations, et à la culture des fourrages artificiels et des racines qui sont venues compenser la disproportion qui existe encore, dans un grand nombre de cantons de la Suisse, entre les pâturages d'été et ceux qui doivent fournir la nourriture de l'hiver, entre l'estivage et l'hivernage.

Le canton de Fribourg est plat dans certaines parties, et parfaitement cultivé; dans d'autres, ses riches vallées et les croupes arrondies de ses montagnes présentent les plus beaux pâturages, et aucune contrée au monde n'est mieux partagée par la nature pour l'élevage du bétail.

Le seul canton de Fribourg, sans parler de ceux de Berne et autres que peuple la race dont je parle ici, comptait, en 1839, 48,000 bêtes bovines; des statistiques de 1817 n'en portaient le nombre qu'à 35,000 : ce serait donc une augmentation de 13,000 têtes, ou plus de 35 pour 100 en vingt-deux années.

La race des bestiaux y est d'une beauté remarquable, et comprend deux catégories fort distinctes : celle des animaux *pies*, blanc et noir, et celle des animaux *rouges*, de couleur baie, le plus souvent mélangée de blanc. Ils sont, les uns et les autres, de haute taille, d'un très-grand poids, d'une douceur de mœurs remarquable, et d'une intelligence que leurs gardiens savent développer par des soins affectueux et une douceur constante.

L'analogie entre ces deux races est fort grande; mais la race à poil *rouge*, par son pelage, par sa plus grande finesse et son aptitude au travail, est celle qui peut intéresser le plus l'agriculture française : c'est elle que je connais le mieux, c'est d'elle surtout que je veux parler.

La puissance et la régularité de ses formes sont admirables (grav. 25) : le poitrail et les hanches sont larges; les bras et les avant-bras bien musclés; les extrémités fines; les aplombs parfaits; l'écartement des jambes dénote une grande largeur de hanches. On reproche à ces animaux d'avoir l'origine de la queue trop élevée, la peau rude et le cuir gros, et d'être grands mangeurs.

Les deux premiers défauts frappent en effet dans tous les animaux communs de cette race; mais il est certains districts où la race a été soignée et améliorée, de manière à les faire disparaître presque complétement. J'ai donné dans la première édition de mon ouvrage le portrait d'un taureau que j'ai acheté dans la commune de Latour, district de Gruyères. Cet animal était d'une grande puissance de formes et avait la peau la plus douce et la plus fine qui se puisse rencontrer. Il est vrai qu'il avait remporté la première prime du canton en 1849.

Aujourd'hui on apporte un soin très-grand dans plusieurs cantons à faire disparaître les défauts reprochés à l'ancienne race fribourgeoise, et beaucoup d'éleveurs soigneux y réussissent. Le taureau dont je viens de parler avait, en outre, une très-grande propension à la graisse; pendant tout le temps qu'il est resté à la vacherie de Fonreau, en Saintonge, malgré la fatigue d'une longue route, la médiocre qualité des fourrages, un changement complet d'habitudes et de nourriture, il s'est maintenu dans un état excellent. Ceci répond au reproche que l'on fait aux animaux suisses d'être délicats pour leur nourriture et grands consommateurs.

Grav. 25. — Taureau fribourgeois, appartenant à M. Adrien Ecoffey; 1er prix au concours universel de Paris en 1856.

Partant de ce principe bien certain que les animaux doivent manger en proportion de leur poids, je crois pouvoir affirmer que les animaux suisses bien acclimatés ne mangent pas plus que les animaux de nos races françaises. J'ai fait venir à plusieurs reprises de la Suisse un certain nombre de vaches; j'en ai élevé de race pure et de race croisée avec les espèces garonnaise, limousine, auvergnate et gastinelle. Il résulte de mes observations que les vaches importées à un certain âge ont un peu souffert de la qualité médiocre de mes fourrages, sans cesser cependant d'être bonnes laitières et de donner de beaux veaux; mais les génisses n'ont pas semblé s'apercevoir du changement de régime; et quant aux bêtes nées et élevées chez moi, elles sont incontestablement supérieures à celles des races indigènes, par leur taille, leur poids, leurs belles formes et l'abondance de leur lait; elles sont d'une santé robuste, se maintiennent en bon état avec une médiocre nourriture, et ne mangent pas plus que les bêtes garonnaises, qui sont pourtant faciles à nourrir.

Les bœufs, de plus haut poids que ceux que l'on a ordinairement dans le pays, ne sont pas légers à la marche, mais d'une grande force et d'une grande douceur; ils supportent parfaitement la fatigue : il n'y a pas de meilleurs bœufs pour les labours. Moins fins que les bœufs limousins, ils le sont autant que les agenais, et ce degré de finesse, qui, à mon avis, n'est pas suffisant, tend à augmenter d'une manière sensible. Ils sont faciles à nourrir, et j'ai obtenu des bœufs de croisement qui, nourris avec du foin et des betteraves, parvenus à un certain embonpoint, mais non à l'état de graisse (ce qui n'entre pas dans les habitudes du pays et la disposition de ma culture), ont atteint le poids vivant de 1,150 kil., pesés à Bordeaux, après avoir fait une route de 88 kilomètres.

Voici la mesure d'un de ces bœufs :

Hauteur au garrot.	1 mètre	85
Longueur.	2	80
De la pointe de l'épaule à la fesse. . .	2	20
Tour de la poitrine.	2	65
Mesure Dombasle.	2	80

Aussi, dans un pays qui est bien loin d'aimer les nouveautés, et malgré quelques taches blanches ou des nuances brunes dans le pelage, défauts énormes pour un paysan saintongeois, mes animaux sont-ils estimés.

Voici des faits en contradiction certainement avec l'opinion d'hommes fort habiles et fort compétents. A quoi cela tient-il? Est-ce à de l'engouement d'une part ou à de l'injustice de l'autre? Ni à l'un ni à l'autre, mais seulement, je le crois, à l'irrésistible penchant qu'ont les habitants du Nord à juger la production des bestiaux, avant tout, au point de vue de la boucherie; à ce qu'ils ne se rendent pas assez compte de la nécessité absolue d'avoir d'abord de bons animaux de travail dans les pays où l'espèce bovine est seule chargée de la culture des terres; à ce qu'ils n'aperçoivent pas la perturbation profonde qu'apporterait l'usage irréfléchi de reproducteurs aux os minces et au tempérament lymphatique, quand il nous faut des travailleurs énergiques et puissamment membrés.

En Suisse, la laiterie, mais surtout la fabrication du fromage, est le but principal de l'élevage des bestiaux : l'engraissement n'est qu'une industrie accessoire, et n'a quelque importance que dans les environs de Gruyères, de Bulle, de Château-d'Œx et dans les vallées de la Saane et de Simmenthal. Pendant longtemps c'est en Suisse, seulement, dans le canton de Fribourg surtout, qu'on fabriquait le fromage si connu sous le nom de Gruyères, et ce monopole était pour ces contrées une source de richesses; mais peu à peu les pays limitrophes, les Vosges, le Doubs et le Jura, et puis la Bavière, le Wurtemberg et le duché de Bade, sont venus faire concurrence à la Suisse, et le palais du plus habile gourmet ne peut distinguer maintenant le fromage français ou allemand du fromage fabriqué à Gruyères. Cette industrie n'en est pas moins restée la principale ressource de la culture pastorale des Alpes, et voici, suivant un rapport de M. Moll sur la production des bestiaux en Suisse, comment on l'exploite: « En mai, les bestiaux, réunis en troupes de 20 à 40 et plus, quittent l'étable et pâturent les prairies des vallées; en juin, ils passent à la seconde station ou gîte, qui comprend les pâturages des hauteurs moyennes et des croupes; enfin, en juillet, ils prennent possession des pâturages les plus élevés, qu'ils occupent d'ordinaire jusqu'à la fin d'août, pour redescendre en septembre à la seconde, et en octobre à la première station. Les montagnes qui présentent ces trois sortes d'herbages dans les proportions convenables ont une grande valeur et sont des montagnes ou alpes complètes (Zahme-Berge). Mais il arrive souvent que, dans la propriété d'un particulier ou d'une commune, il y a disproportion : presque toujours ce sont les prairies des vallées qui ont trop peu d'étendue comparativement aux autres stations; parfois aussi la station moyenne manque. On ne peut alors utiliser complétement les herbages de la station supérieure qu'en f uchant les parties les plus riches et les plus accessibles, ou bien l'on en afferme une portion, ou bien encore on loue ou on achète des vaches pour les deux mois pendant lesquels les herbages les plus élevés peuvent être pâturés. Ces deux derniers modes sont fréquemment employés et sont en partie cause des nombreuses importations de vaches qui ont lieu de l'Allemagne en Suisse au printemps.

« Une fois à la montagne, les vaches restent d'ordinaire nuit et jour dehors, sous la conduite du vacher, et surtout d'une vache maîtresse, qui porte une clochette pour marque distinctive de son autorité. C'est cette vache qui, deux fois par jour, les ramène au chalet pour la traite, et qui les conduit au pâturage ou les guide vers les abris pendant le mauvais temps. La prospérité, souvent même le salut d'un troupeau, dépendent en partie du bon choix d'une vache maîtresse. Lorsque, pour une cause quelconque, le vacher donne la clochette à une autre vache, ce n'est pas sans de rudes combats que la reine déchue renonce à son rang, et, lorsqu'elle est enfin obligée de céder le pouvoir, la plupart, m'a-t-on dit, maigrissent à vue d'œil, et quelques-unes même finiraient par périr si on ne se hâtait de les éloigner. Quand deux troupeaux se rencontrent sur le même pâturage dans les montagnes communales, il en résulte des combats, soit entre les taureaux et vaches maîtresses des deux troupes, soit entre toutes les vaches; combats qui se terminent par la fuite de la troupe la plus faible, ou, lorsqu'il y a égalité de forces, par une espèce de compromis que semblent faire les deux partis, car on remarque qu'à partir de ce moment chaque troupeau observe soigneusement de ne pas dépasser certaines limites.

« Lorsqu'un troupeau est chassé de son pâturage par un autre, par un homme ou un animal sauvage, il se dirige rapidement vers son chalet, qu'il entoure en mugissant. Les vachers se hâtent alors de le renfermer dans l'étable pendant quelques heures, sans quoi il se débande; quelques vaches se joignent à d'autres troupes, d'autres retournent à leur village ou se perdent. Aussi est-il expressément défendu, dans la plupart des alpes communales, à tout autre qu'au gardien, de chasser un troupeau du lieu qu'il a choisi.

« Il faut ordinairement trois personnes pour soigner un troupeau : le fromager, qui trait les vaches et fait le fromage; son aide, chargé de faire le feu, de chercher le bois, de confectionner le *serret*, de nettoyer les ustensiles et de soigner les porcs; enfin le vacher, qui garde le troupeau, vient au secours des vaches en péril, ramène celles qui sont égarées, etc. Dans les pâturages sûrs et avec une bonne vache maîtresse, le vacher sert d'aide au fromager. »

2. — Race de Schwitz.

Les cantons de Schwitz, de Zug et de Glaris, qui sont les centres de production de la race connue sous le nom de *race de Schwitz*, appartiennent à la région montagneuse de la Suisse. Les versants des montagnes n'y sont pas trop abrupts et fournissent des pâturages riches et abondants; mais il n'existe malheureusement pas une proportion convenable entre l'estivage et l'hivernage, de sorte que le nombre des bestiaux est flottant. Considérable en été, il est forcément diminué aux approches de l'hiver par le manque de fourrages, et c'est de ces nécessités économiques que naît un commerce considérable de bestiaux entre le Wurtemberg, la Bavière et le nord de l'Italie.

A l'automne, on vend les élèves et les bêtes de rentes, et on ne garde que les vaches les plus belles et quelques jeunes taureaux qui perpétuent dans sa pureté la belle race de ces contrées; au printemps, on rachète un nombre d'animaux suffisant pour pâturer les herbages d'été.

Cet échange continuel de bestiaux, les qualités remarquables de la race de Schwitz et l'introduction de la fabrication des fromages dans les provinces allemandes limitrophes de la Suisse, ont peu à peu amené l'affinité des races, au moins à un certain degré, et c'est ainsi que la race de Schwitz a pénétré dans le Tyrol, la Bavière, le Wurtemberg, le grand-duché de Bade et la Lombardie.

Depuis quelques années, elle a été aussi introduite en France. M. Aug. Bella, directeur de l'école d'agriculture de Grignon, l'estimait infiniment, et s'est appliqué à la faire connaître. Il a cédé des taureaux et des vaches importés du canton de Schwitz, ou nés à Grignon, et a ainsi peu à peu répandu cette race dans toutes les parties de la France, où elle s'acclimate sans difficulté, et où ses qualités laitières et sa sobriété ont été hautement appréciées.

La race de Schwitz (grav. 26) diffère essentiellement de la race de Fribourg et de Berne, par son pelage, sa conformation et ses habitudes, et semble n'avoir de commun avec elle que se magnifiques aplombs et la largeur de ses hanches.

Voici la description que fait M. Villeroy des animaux de cette race : « La robe de ces bêtes est bai marron ou brun très-foncé, tirant parfois sur le grisâtre, avec une raie claire sur le dos; le tour de la bouche, l'intérieur des oreilles, l'épine dorsale, le ventre, l'intérieur des cuisses sont blanchâtres ou jaunes. La tête est moins large que dans les autres races de montagne; le cou souvent moins fort; la croupe, à sa naissance, moins relevée. Les bêtes sont parfaitement *culottées*, et les plus belles sont remarquables par l'écartement et l'aplomb de leurs jambes de derrière.

« La taille varie à l'infini, de même que les os sont plus ou moins gros. On croit que les vaches de cette race donnent un produit en lait plus considérable que celui des vaches de Fribourg, comparativement au fourrage consommé; transportées ailleurs, elles s'acclimatent aussi plus facilement. On les recommande également comme faciles à engraisser. Elles produisent des veaux très-forts.

Les vaches de Schwitz sont bonnes laitières en effet, et il n'est pas rare que, passablement nourries, elles donnent de 25 à 28 litres de lait; mais leur lait renferme plus de caséum que de principes butyreux, et quelques laitiers des environs de Paris prétendent qu'il est *bleu*. Le poil de ces bêtes est court et brillant.

C'est certainement une race d'un engraissement facile, et les

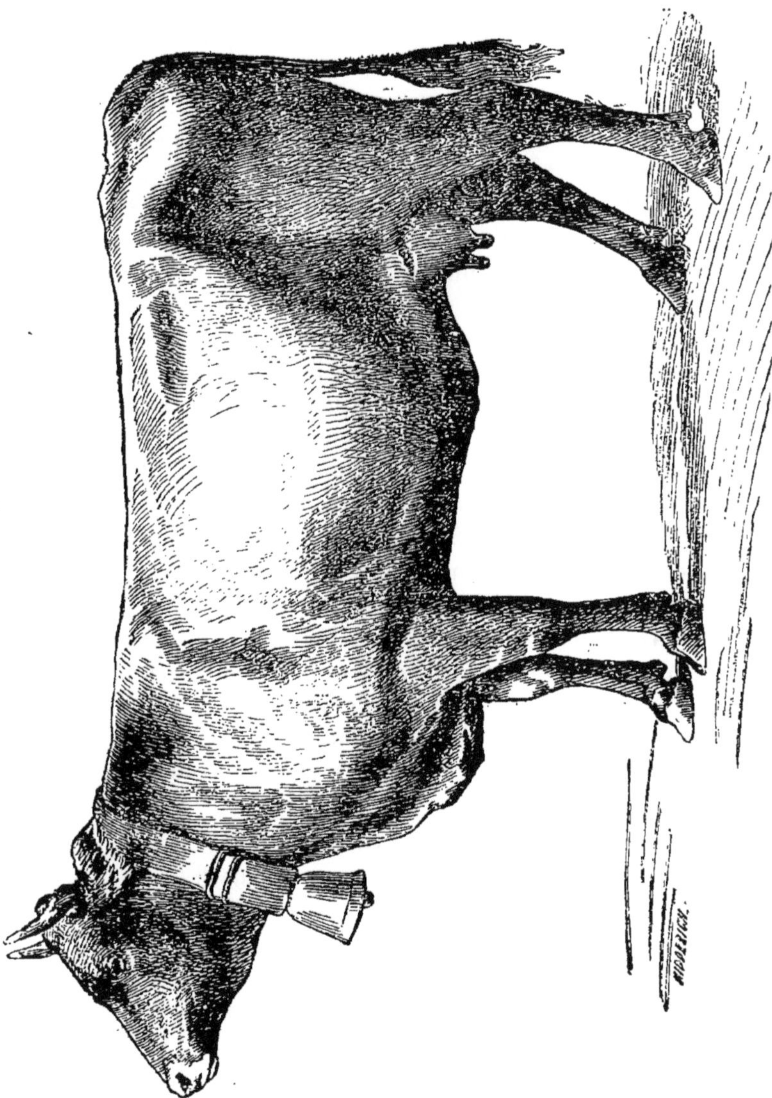

Grav. 26. — Vache schwitz appartenant à M. Sidler; 1er prix au concours universel de Paris en 1856.

succès de M. de Torcy aux concours de Poissy ne peuvent laisser aucun doute à cet égard. M. de Torcy, qui pendant toute sa vie a remporté les premiers prix à tous les concours de boucherie, et qui devait ses succès à un remarquable esprit d'observation, a créé, en Normandie, une race à lui, et dont les animaux viennent chaque année, par leur précoce et merveilleux engraissement, par la puissance et la régularité de leur conformation, exciter l'admiration publique. Eh bien! cette race a pour premier principe le sang de Schwitz, il l'a nommée *durham-schwitz-normande;* et c'est avec des vaches schwitz et des croisements normands, et surtout durham, qu'il a opéré.

L'abondance du lait des vaches de Schwitz n'a pas certainement une médiocre influence sur le développement des jeunes animaux destinés à concourir comme bêtes de boucherie dès avant l'âge de trois ans, et elle leur communique, en outre, leurs formes si parfaites et leur robuste tempérament. Le sang de Durham vient ensuite porter dans cet excellent moule sa finesse et sa merveilleuse disposition à un engraissement précoce, et il trouve pour ainsi dire à l'avance ses défauts combattus et annihilés.

Un autre éleveur normand, de l'arrondissement d'Avranches, M. de Verdun de la Crenne, a opéré aussi des croisements des races de Schwitz et du Cotentin, et n'a pas obtenu des résultats moins intéressants que ceux de M. de Torcy. Voici le résultat du pesage, à la boucherie, d'un lot de trois bœufs schwitz-cotentin abattus à Avranches, il y a peu d'années; je regrette de ne pouvoir joindre à ces renseignements les poids vivants de ces animaux.

1er BŒUF SCHWITZ-COTENTIN.

Poids net des quatre quartiers. . . .	902 kil.	1,172 kil.
Suif.	201	
Cuir.	69	

2e BŒUF SCHWITZ-COTENTIN.

Poids net des quatre quartiers. . . .	843 kil.	1,102
Suif.	182	
Cuir.	77	

3e BŒUF SCHWITZ-COTENTIN.

Poids net des quatre quartiers. . . .	700 kil.	959
Suif.	200	
Cuir.	59	

Comme bêtes de travail, les animaux de Schwitz sont forts et dociles, mais les taureaux et les bœufs de cette race, que j'ai eu occasion de faire travailler, m'ont paru un peu mous; je leur préfère de beaucoup les bœufs de la race de Fribourg, et je regrette de ne pas me trouver d'accord en cela avec Grognier, qui fait peu de cas des bœufs de Fribourg et qui dit, au contraire, que les bœufs de Schwitz sont « *éminemment propres au travail.* » A supposer que mon expérience personnelle ne soit pas décisive, il me semble que les principes sur lesquels tout le monde est d'accord, et que je rappelais au commencement de cet ouvrage, trouvent ici leur application : les animaux qui prennent le plus facilement la graisse sont ceux qui sont lymphatiques, et un animal lymphatique n'est pas un énergique travailleur.

Quoi qu'il en soit, les qualités remarquables de la race de Schwitz la recommandent à tous les agriculteurs de l'Europe, et elle peut être croisée avec avantage avec quelques races de travail peu laitières ou trop grossières. L'harmonie parfaite et la puissance des formes ne sont dans aucune autre race unies à ce degré à la faculté laitière et à la facilité avec laquelle les animaux prennent la graisse, et on peut admettre la race de Schwitz dans des cas où l'on repousserait, à cause de leurs défauts de conformation, l'intervention des races normande ou flamande.

CHAPITRE VIII

RACE HOLLANDAISE

La race hollandaise est assez importante pour qu'elle soit décrite ici, car elle fournit les plus abondantes laitières que l'on connaisse.

C'est en Hollande, mais surtout dans le Brabant septentrional et dans la Frise qu'on trouve les meilleurs animaux de cette race. Il n'est pas rare d'y voir des vaches qui donnent par jour 30 à 35 litres de lait avec lequel on fabrique ces fromages connus dans le monde entier, et qui sont une source de richesse pour le pays.

Les caractères distinctifs de la race hollandaise (grav. 27) sont : des jambes hautes ou de hauteur moyenne; le corps généralement grand et fort, la croupe large, fortement avalée, les os des hanches saillants, le cou mince plutôt que fort, la tête étroite, les cornes courtes et dirigées en avant ; la peau et le poil fins, la robe ordinairement pie, quelquefois toute noire, ou toute blanche, ou gris de souris.

Les animaux de cette race sont grands mangeurs, peu aptes au travail et leur conformation osseuse n'est pas séduisante à l'œil; mais un connaisseur, en touchant leur peau souple et moelleuse, reconnaît bien vite qu'ils ont une grande disposition à engraisser et qu'ils sont doués de beaucoup d'autres éminentes qualités.

Les vaches hollandaises surpassent toutes les autres par la quantité de leur lait; malheureusement elles consomment énormément de fourrage, et, malgré l'abondance de leur produit, elles ne remplissent peut-être pas la première des conditions économiques, celle d'un rendement élevé en proportion de la nourriture consommée. Aussi leur importation n'est-elle pas toujours avantageuse : il n'y faut pas songer, en tous cas, lorsqu'au sortir de leurs gras pâturages on est obligé de les placer sur des prairies de qualité inférieure, ou lorsqu'on ne peut leur donner à l'étable une abondante nourriture.

La grav. 28 représente une vache hollandaise produisant chaque jour 35 litres de lait, et qui a remporté le premier prix au Concours régional de Versailles de 1857.

Cette race n'est pas très-répandue en France; on en trouve cependant des spécimens distingués dans quelques vacheries du Nord. M. Salmon, de la Somme, et M. Gilles, de Seine-et-Marne, ont exposé d'excellents animaux de cette race au Concours universel de 1855, en concurrence avec les Hollandais qui y avaient mené vingt-trois bêtes.

En 1856, au magnifique Concours universel qui eut lieu à Paris, dans le palais de l'Industrie, aux Champs-Élysées, on a vu

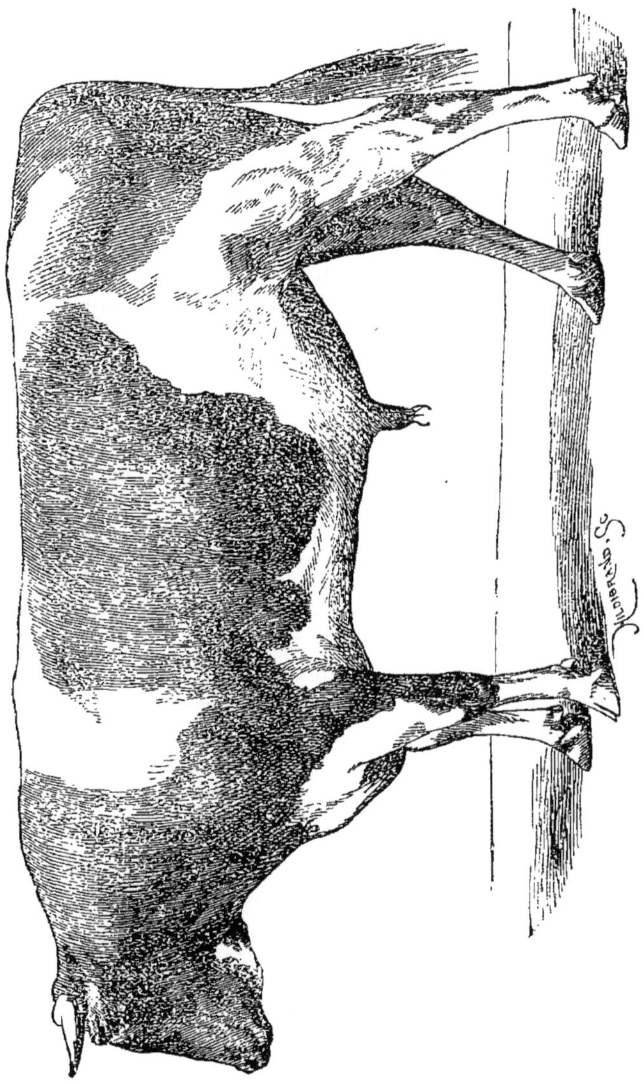

Grav. 27. Taureau hollandais appartenant à M. François Salmon ; 1er prix du Concours universel de Paris de 1856.

figurer cinquante-sept animaux hollandais dont quelques-uns fort remarquables.

On ne doute pas, en Angleterre, que la race de Durham ne doive sa création à une importation de bêtes hollandaises sur les bords de la *Tees*, et cette origine explique la finesse de la peau, ainsi que les qualités laitières qui distinguent quelquefois à un haut degré la race de Durham.

En France, dans un rayon circonscrit autour de Bordeaux, il existe une race laitière qui doit aussi son origine à des bêtes venues de Hollande et qui a conservé des qualités extraordinaires dans des conditions d'existence très-misérables, car elle se nourrit, en général, sur des landes stériles et sur de pauvres pâturages.

On croit que l'importation de vaches hollandaises dans le Bordelais date de l'occupation de la Guienne par les Anglais; nos paysans donnent à cette race le nom de *Queen*, ce qui est assez étrange dans un pays qui n'est rien moins qu'anglomane et où toutes les traditions anglaises sont singulièrement oubliées. Les vaches *Queen* sont bonnes laitières, et celles qui sont transportées dans les marais et les prairies des bords de la Garonne, de la Dordogne et de la Gironde donnent jusqu'à 20 ou 25 litres de lait par jour; leur robe, d'une disposition uniforme, est pie, blanc et noir, mouchetée et fort jolie.

Selon M. Villeroy la race hollandaise peut être considérée comme la souche de toutes les sous-races riveraines de la mer du Nord; et, malgré des différences notables, on retrouve d'incontestables analogies dans leurs formes extérieures et leurs qualités.

Voici comment M. Villeroy classe ces familles :

« A. *La race hollandaise* qui se trouve dans les provinces septentrionales de la Hollande (*Groningue*). — Elle peut être considérée comme la souche de toute la grande race des bords de la mer; elle présente de la manière la plus prononcée les formes extérieures et les qualités que nous venons d'indiquer. Sa robe est généralement noir pie.

« B. *La race de Frise*. — Nous comprendrons, sous cette dénomination, la race particulière à la Frise, à l'Oldenbourg et aux marches du Holstein, et qui de là s'est répandue dans la plupart des provinces septentrionales de l'Allemagne. Elle a beaucoup de rapports avec la race hollandaise, mais elle est moins constante.

Grav. 28. — Vache hollandaise, donnant 35 litres de lait, exposée par M. Molana ; 1er prix du concours régional de Versailles en 1858.

Les bêtes sont souvent moins hautes, ou bien leur charpente osseuse est plus forte, la croupe moins avalée, les hanches moins saillantes, le cou plus fort. Les robes sont très-variées.

« C. — Dans les parties les plus élevées, et dont le sol est pauvre, des provinces du *Schleswig-Holstein*, particulièrement dans celle connue sous le nom de *Geest*, on trouve une race plus petite, d'une charpente plus légère, dont les jambes sont plus courtes. Sa robe est aussi différente, rouge, brune, isabelle ou pie. On vante les bonnes qualités de cette race.

« D. *La race du Jutland.* — Charpente osseuse légère, taille moyenne, jambes courtes, croupe longue et large. La robe la plus commune est gris de souris : on trouve aussi beaucoup de bêtes noires ou pies. Cette race est particulièrement propre à l'engraissement.

« E. *La race des plaines de Dantzig.* — Dans son ensemble elle présente la réunion des caractères de la race principale ; elle est de taille moyenne ; la robe bigarrée ou rouge. Elle ne paraît pas être aussi constante que les races de Hollande, de la Frise, et autres auxquelles elle tient de près.

« F. *Sous-races qui se rapprochent des races des bas-fonds.* — Dans cette classe, nous devons ranger les bêtes d'une grande partie de la Belgique, du Bas-Rhin et de la basse Allemagne, du Hanovre, du Mecklembourg, des plaines de l'Oder, etc.

« Toutes possèdent plus ou moins les caractères des races des bas-fonds, auxquelles elles se rattachent évidemment, mais elles ne sont pas assez constantes pour être considérées comme races. »

Fin.

TABLE DES MATIÈRES

DES PRINCIPALES RACES BOVINES DE FRANCE, D'ANGLETERRE, DE SUISSE ET DE HOLLANDE

FIN DE LA TABLE DES MATIÈRES.

EXTRAIT DU CATALOGUE DE LA LIBRAIRIE AGRICOLE
rue Jacob, 26, à Paris

MAISON RUSTIQUE DU 19ME SIÈCLE

CINQ VOLUMES GRAND IN-8 A DEUX COLONNES

ÉQUIVALANT A 25 VOL. IN-8 ORDINAIRES, AVEC 2,500 GRAVURES

REPRÉSENTANT

LES INSTRUMENTS, MACHINES, ANIMAUX, ARBRES, PLANTES, SERRES, BATIMENTS RURAUX, ETC.,

publiés sous la direction de

MM. BAILLY, BIXIO & MALPEYRE.

Table des principaux Chapitres de l'Ouvrage

TOME Ier. — AGRICULTURE PROPREMENT DITE

Climat.
Sol et sous-sol.
Amendements.
Engrais.
Défrichement.
Desséchement.

Labours.
Ensemencements.
Arrosements.
Irrigations.
Récoltes.
Clôtures.

Conservation des récoltes.
Voies de communication.
Céréales.
Légumineuses.

Plantes-racines.
Plantes fourragères.
Maladies des végétaux.
Animaux et insectes nuisibles.

TOME II. — CULTURES INDUSTRIELLES; ANIMAUX DOMESTIQUES

Plantes oléagineuses.
— textiles.
— économiques.
— potagères.
— médicinales.
— aromatiques.
— tinctoriales.

Vigne.
Houblon.
Mûrier.
Arbres olivier.
— noyer.
— de bordures.
— de vergers.

Animaux domestiques
Pharmacie vétérinaire
Maladies des animaux
Anatomie.
Physiologie.
Elevage et engraissement.

Cheval, âne, mulet.
Races bovines.
Races ovines.
Races porcines.
Basse-cour.
Lapin, pigeon.
Chiens.

TOME III. — ARTS AGRICOLES

Lait, beurre, fromage.
Incubation artificielle
Laine.
Conservation des viandes.

Vers à soie.
Abeilles.
Vins, eaux-de-vie.
Cidres, vinaigres.
Sucre de betterave.

Lin, chanvre.
Fécule.
Huiles.
Charbon, tourbe.
Potasse, soude.

Résines.
Meunerie.
Boulangerie.
Sels.
Chaux, cendres.

TOME IV. — FORÊTS; ÉTANGS; ADMINISTRATION; CONSTRUCTION

Pépinières.
Arbres forestiers.
Culture des forêts.
Exploitation.
Abatage.
Estimation.
—
êche, Étangs.

Empoissonnement.
Législation rurale.
Droits de propriété.
Bail, Cheptel.
Biens communaux.
Police rurale.
Aménagement.
Plantation.

Administration.
Choix d'un domaine.
Estimation.
Acquisition.
Location.
Améliorations.
Capital.
Personnel.

Constructions.
Attelages.
Mobilier.
Bétail, engrais.
Système de culture.
Ventes et achats.
Comptabilité.
—

TOME V. — HORTICULTURE

Terrain, engrais.
Outils, paillassons.
Couches, bâches.
Serres.
Orangerie.

Semis-greffes.
Pépinières.
Taille.
Arbres à fruits.
Légumes.

Jardin fruitier.
— fleuriste.
— potager.
Culture forcée.
Fleurs.

Plans de jardins.
Calendrier du Jardinier.
— du forestier.
— du magnanier

Prix des cinq volumes (ouvrage complet). 39 50
Chaque volume pris séparément. . . . . 9 »

Il n'y a pas d'agriculteur éclairé, pas de propriétaire qui ne consulte assidûment la *Maison Rustique du 19e siècle;* ce livre, expression la plus complète de la science agricole pour notre époque, peut former à lui seul la bibliothèque du cultivateur, 2,500 gravures réparties dans le texte parlent aux yeux et donnent aux descriptions une grande clarté.

AGRICULTURE — ÉCONOMIE RURALE.

Agriculture (Traité d'), par Mathieu DE DOMBASLE. 5 vol.. 30 »

Agriculture au coin du feu; par Victor BORIE. 1 vol. in-12 de 290 pages. . . . . 3 »

Agriculture provençale (Essai d'un traité d'), par GUILLON. 2 vol.in-18 ensemble de 300 pages. . . . . 5 »

Agriculture provençale (Vade mecum de l'), par GUILLON. 1 vol. in-18 de 136 pages. 2

Agriculture (Cours d'); par DE GASPARIN, membre de l'Académie des Sciences, ancien ministre de l'Agriculture. Six vol. in-8 et 253 gr. 39 50

TOME Ier. — Analyse des terres. — Propriétés physiques des terres. — Géologie agricole. — Classification des terrains agricoles. — Evaluation des terrains. — Amendements. — Engrais.
TOME II. — Météorologie. — Architecture rurale.
TOME III. — Mécanique agricole. — Culture. — Cultures spéciales.
TOME IV. — Suite des cultures spéciales. — Plantes fourragères. — Arboriculture.
TOME V. — Assolements. — Systèmes de culture. — Economie rurale. — Administration de la propriété.
TOME VI. — Nutrition des plantes. — — Habitation des plantes. — Appendice. — Tables analytiques des matières et des gravures contenues dans les six volumes.

C'est un Traité complet d'agriculture au point de vue théorique et pratique. Le cultivateur y trouve classée dans un ordre méthodique la solution de tous les problèmes agricoles. Amendements, engrais, instruments, cultures, analyse chimique des plantes, des sols et des engrais, économie rurale, toutes les questions sont traitées avec autorité par l'illustre écrivain. 253 gr. accompagnent le texte et ajoutent aux descriptions une démonstration matérielle.

Le sixième volume, publié en 1860, est terminé par une table analytique et alphabétique des matières contenues dans l'ouvrage complet.

Agriculture (Cours d'), et chaulages de la Mayenne; 2e édition, par JAMET, président du comice de Craon, ancien représentant. 400 pages in-12 . . . . 3 50

Agriculture (Cours complet d') ou nouveau Dictionnaire d'agriculture, d'économie rurale et de médecine vétérinaire, par MIRBEL DE MOROGUES, etc. 19 vol. grand in-8 à 2 col., avec 500 grav. . 50 »

Agriculture (Cours élémentaire d'), par BORIE. 1 vol. in-18 de 126 pag. et 35 grav.. . . . . 75 c.

PREMIÈRE ANNÉE :

Définition du sol,
Engrais, — Amendements,
Drainage,
Irrigations, — Labours.

* NOTA. — M. Borie publiera incessamment les autres volumes complémentaires de son *Cours élémentaire d'Agriculture*.

Agriculture des terrains pauvres, par LAVERGNE, ancien représentant du peuple, 1 vol. in-18 de 200 pages. . . . . 3 »

Agriculture (Eléments d'), par BODIN, 4e édition. 1 vol. in-18 de 360 pages. 1 75

Agriculture française (Enquête sur l'), par une réunion de députés. 1 vol. in-8 de 244 pages. . . . . 2 fr 50

Agriculture (Mélanges d'), par GIRARDIN. 2 vol. in-12. . 10 »

Agriculture (Manuel populaire d') à l'usage des cultivateurs d'Argentan; par DE VIGNERAL. 92 pages in-8. . . . . 1 25

Agriculture et Population, par L. DE LAVERGNE, membre de l'Institut. 1 vol. in-18 de 412 pages. 3 50

Agriculture proprement dite. 576 pages in-4 et 776 grav. 9 »
Forme le premier volume de la *Maison Rustique.*

Allemande (L'Agricultrue), ses écoles, son organisation, ses mœurs et ses pratiques ; par Royer, inspecteur général de l'agriculture. 1 vol. grand in-8 de 542 pages. 7 50

Almanach du Cultivateur; par les Rédacteurs de la *Maison Rustique.* 188 pages in-18 et 80 gravures.. . . . . 0 50

Une nouvelle édition de cet almanach est publiée chaque année.

Alucite des céréales, ses ravages et moyens de les faire cesser; par Doyère. 110 pages in-4, gravures et 3 planches. 3 50

Anatomie comparée, recueil de planches dessinées par Georges Cuvier ou exécutées sous ses yeux par Laurillard, publié sous les auspices de M. le ministre de l'instruction publique et sous la direction de MM. Laurillard et Mercier. Cette publication comprend 24 livraisons de 14 planches chacune, avec texte. — Chaque livraison. . . . . 14 »

Annales de Roville; par Mathieu de Dombasle. 9 vol. in-8. . 61 50

Annales de l'Institut agronomique de Versailles. 1 vol. in-4 de 418 pages, avec 4 planches. 3 50

Assolements et systèmes de culture, par Heuzé. 1 vol. in-8 de 536 pages et de nombreuses gravures sur bois. . . . . . . 9 »

Avenir de l'Agriculture, par l'enseignement agricole, par Ed. Magnier . . . . 40 c.

Bail à ferme et à cheptel. Voir *Maison Rustique*, t. IV.

Bêtes de rente (Organisation du Service des). V. *M. R.*, t. IV.

Betteraves (Traité pratique de la culture des), par Sarrazin. 1 vol. in-8 avec planches.. . . . . 2 »

Blé et pain (Liberté de la boulangerie), par Barral. 1 vol. in-12 de 692 pages et 11 gravures. . . . . 6 »

Blé (La Question du), par Ed. Lecouteux. Br. de 32 pages. . 1 »

Bibliothèque du Cultivateur, publiée avec le concours du ministre de l'Agriculture. 25 volumes in-18 à 1 fr. 25 le volume, savoir :

TRAVAUX DES CHAMPS; par Victor Borie, 188 pages et 121 gravures. . . 1 25

AGRICULTEUR COMMENÇANT (Manuel de l'), par Schwerz, traduit par Villeroy. 5e édit., 332 pages.. . . . . 1 25

CULTURE GENERALE ET INSTRUMENTS ARATOIRES, par Lefour. 1 vol. in-18 de 160 pages et 140 gravures.. . . . . 1 25

FERMAGE (estimation, plan d'amélioration, baux); par de Gasparin, membre de l'Institut, ancien ministre de l'Agriculture. 3e édit., 384 pages. . 1 25

METAYAGE (contrat, effets, améliorations); par de Gasparin. 2e édit. 166 p. 1 25

SOL ET ENGRAIS, par Lefour. 170 pages et 312 gravures. 1 25

FUMIERS DE FERME ET COMPOSTS; par Fouquet. 2e édit., 200 p. et 19 grav. 1 25

MÉDECINE VÉTÉRINAIRE (Notions usuelles de), par Sanson. 1 vol. de 180 p. 1 25

NOIR ANIMAL (Le). Analyse, emploi, vente; par Bobierre. 156 p. et 7 grav. 1 25

PLANTES RACINES, par Ledocte. 1 vol. de 250 pages et 24 gravures. . . 1 25

PRAIRIES, par Demoor. 1 vol. in-18 de 210 pages et 67 gravures 1 25

CHOUX, Culture et Emploi, par Joigneaux, 1 vol. in-18 de 180 p. et 14 gr. 1 25

HOUBLON; par Erath, traduit par Nicklès. 136 pages et 22 gravures. . . 1 25

RACES BOVINES; par Dampierre. 2e édition, 196 pages et 28 gravures. . 1 25

ÊTES BOVINES (L'Éleveur de), par Villeroy. 300 pages et 60 gravures. 1 25

VACHES LAITIÈRES (Choix des), par MAGNE. 144 pages et 39 gravures. . . 1 25
ANIMAUX DOMESTIQUES, par LEFOUR. 1 vol. in-18 de 162 pages et 57 gr. 1 25
CHEVAL, ANE ET MULET, par LEFOUR. 1 vol. de 162 pages et 300 grav. 1 25
ENGRAISSEMENT DU BŒUF, par VIAL 1 vol. in-18 de 180 pag. et 12 grav. 1 25
CHEVAL (Achat du), par GAYOT. 1 vol. de 216 pages et 25 gravures. . . . 1 25
BASSE-COUR, PIGEONS ET LAPINS; par Mme MILLET. 4e édit. 180 p., 31 gr. . 1 25
POULES ET ŒUFS, par E. GAYOT. 1 vol. de 216 pages et 35 gravures.. . 1 25
ÉCONOMIE DOMESTIQUE; par Mme MILLET. 3e édit. 245 pages et 78 grav. . 1 25
CONSTRUCTIONS ET MÉCANIQUE AGRICOLES, par LEFOUR. 160 p. et 141 gr.. 1 25
COMPTABILITÉ ET GÉOMÉTRIE AGRICOLES, par LEFOUR. 204 p. et 104 grav. 1 25

Cette série de petits traités spéciaux, ornés d'un grand nombre de gravures, est publiée avec le concours du ministre de l'Agriculture; c'est assez dire que la rédaction en a été confiée à des écrivains dont le nom connu en agronomie était une garantie de la valeur du livre. Ces traités, écrits simplement et sagement, sont indispensables à tous les hommes pratiques.

Bon Fermier (Le). Aide-mémoire du Cultivateur, par BARRAL. 3e édition. 1 vol. in-12 de 1,448 pages et 200 grav. . . . . 7 »

Ouvrage contenant : le calendrier détaillé — le tableau des foires de chaque département — des tables usuelles pour la détermination du poids du bétail et pour les principaux besoins de l'agriculture — les travaux agricoles de chaque mois pour toutes les parties de la France — les distilleries — féculeries — brasseries et autres industries annexées aux exploitations rurales — la mécanique agricole complète, avec description et gravure des meilleurs instruments aratoires, machines, etc.

Bornage. Voir *Maison Rustique*, t. IV.

Calendrier du Bon Cultivateur, par MATHIEU DE DOMBASLE. 10e édition. 1 vol. in-12 de 872 pages et 5 planches. . . . 4 75

Calendrier agricole (LES DOUZE MOIS); par VICTOR BORIE. 1 vol. in-8 à 2 colonnes de 412 pages et 95 gravures. 3 50

Ce livre, divisé en quatre parties, contient, 1° des *proverbes* et *maximes* agricoles; 2° des *causeries* sur l'économie rurale; 3° les *travaux du mois* indiquant, pour chaque mois, les travaux des champs à accomplir : labours, défrichements, cultures, etc.; les travaux de la ferme, les travaux spéciaux, forestiers, viticoles, horticoles; les soins à donner aux animaux domestiques, etc.; 4° sous le titre *Variétés*, il donne une étude complète sur les diverses races bovines de l'Europe, un exposé du système décimal, etc., etc.

Calendrier du Cultivateur. Voir *Bon Fermier*.

Carte de France, agricole et physique par HOUPIN, 1 feuille pliée et renfermée dans un carton. 2 50

Catéchisme de l'agriculteur provençal, par GUILLON. 1 vol. in-18 de 52 pages . . . . 1 »

Chaulage. Voir *Amendements*, p. 93.—V. *Maison Rustique*, t. I et III.

Colline de Sansan. Récapitulation des espèces d'animaux vertébrés fossiles trouvés à Sansan, par LARTET. 48 pages in-8 et 1 planche. 1 fr. 25

Colonies agricoles (Études sur les) de mendiants, jeunes détenus, orphelins et enfants trouvés de Hollande, Suisse, Belgique, France, par DE LURIEU et ROMAND, inspecteurs généraux des établissements de bienfaisance. 1 vol. in-8 de 462 pages. 7 50

Comices agricoles; par A. BERTIN. 1 vol. in-12 de 214 pages. 1 »

Comices (Appel aux); par J. MARTINELLI. 52 pages in-8. . . 0 50

Comices (Guide des); par Jacques BUJAULT. in-18, de 20 pag. 0 25

Comptabilité agricole en partie double; par Ed. DE GRANGES. 2e édit. 1 vol. in-8 de 312 pages et tableaux. . . . . 5 »

Papier réglé pour registres de comptabilité.
La main de 24 feuilles in-folio avec couverture. . . . 2 50
— in-quarto — 1 25

Comptabilité agricole (Agenda de); par JOUBERT. In-4. 3 »

Comptabilité agricole (Notions pratiques de), par DUGUÉ. Une brochure in-8° de 32 pages 1 25

Comptabilité agricole (Manuel de), par SAINTOIN-LEROY. 2e édit. 1 vol. grand in-8 et tableaux. . . . . 3 »

Registres dressés pour l'application de la comptabilité de M. Saintoin-Leroy.
1° Mémorial de l'agriculteur, 1 vol. in-4 oblong. . . . . 4 »
2° Livre de caisse — 2 50
3° Journal — 2 50
4° Grand-Livre — . . . . 5 »
5° Cahier quadrillé avec instructions . . . . 2 »
6° — sans instructions 1 25
On vend séparément chaque registre et chaque cahier.

Comptabilité de la petite culture, par LE MÊME. 1 vol. . 1 25

Conseils aux agriculteurs sur l'art d'exploiter le sol avec profit, par DEZEIMERIS, ancien député. 3e édit. 1 vol. in-12 de 654 pag. 3 50

Constructions rurales. Voir p. 12 et *Maison Rustique*, t. IV.

Coton en Algérie (Culture du), par ADOLPHE KAINDLER. Une brochure in-18. . . . . 1 »

Crédit agricole (Project de); par RONDEAU, ancien représentant du peuple. 1 vol. in-18 de 236 pages. . . . . 2 »

Crédit agricole en France, par BRETON. 100 pages in-8. . . 1 »

Culture améliorante (Principes de la), par E. LECOUTEUX, ancien directeur des cultures à l'Institut agronomique de Versailles 2e édition. 1 vol. in-12 de 400 pages. . . . . 3 fr. 50

Cultures industrielles. Voir *Maison Rustique*, t. II.

Culture (Traité des entreprises de grande), ou principes d'économie rurale; par LECOUTEUX. 2 vol. in-8, formant ensemble 4,136 pages. . . . . 15 »

Culture et fécondation artificielle des céréales, système Hooïbrenk; par ROCHUSSEN. 1 vol. in-8 de 54 pages, avec 3 planches. 1 50

Défrichements. Voir *Maison Rustique*, t. I et IV.

Défrichement (Manuel théorique et pratique du); par BRETON. 1 vol. in-8 de 400 pages. . . . . 4 »

Desséchements. Voir *Maison Rustique*, t. I.

Desséchement des Moëres, par Cobergher, en 1622. Notice par BORTIER. 8 p. in-8, portrait de Cobergher et carte des Moëres.. 1 »

Domaine rural (Choix, estimation, acquisition, organisation, direction, location, etc.). Voir *Maison Rustique*, t. IV.

Écobuage. Voir *Maison Rustique*, t. I.

Écoles d'arts et métiers, par MATHIEU DE DOMBASLE. 1 brochure in-18 de 106 pages. 1 fr.

Économie politique et agricole, par MATHIEU DE DOMBASLE. 1 vol. in-18 de 194 pages. 1 fr. 50

Économie rurale de la France depuis 1789; par L. DE LAVERGNE, membre de l'Institut. 1 vol. in-12 de 490 pages.. . . . . 3 50

Économie rurale de la Bretagne, par P. MÉHEUST. 1 vol. in-18 de 220 pages. 2 50

Économie rurale (Essai sur l') de l'Angleterre, de l'Écosse et de l'Irlande ; par L. DE LAVERGNE. 3e édit. 1 vol. in-12. . . . . 3 50

Économie rurale (Essai sur l') de la Belgique, par ÉMILE DE LAVELEYE. 1 vol. in-18 de 304 pages. 3 50

Économie rurale (Leçons publiques d'), par MÉHEUST. 1 vol. in-18 de 68 pages. . . . . 1 »

Ensilage; par DOYÈRE, professeur d'histoire naturelle à l'École centrale des arts et manufactures. In-18 de 48 pages.. . . . . 0 75

Enseignement agricole (Entretiens sur l'), par CARPENTIER, inspecteur de l'enseignement primaire. 0 40

Enseignement agricole (Question de l'), par Carpentier. 0 40

Enseignement agricole (Réforme de l'), par LOUIS LÉOUZON, une brochure in-8 de 28 pages.. . . . . 1 »

Fécondation artificielle des céréales, par DANIEL HOOÏBRENK. Une brochure in-8° de 24 pages. 0 60

Ferme (La), Guide du jeune fermier, par STOCKHARDT, 2 vol. in-18, formant ensemble 616 pages. . . . . 7 »

Froments, nouvelles variétés; par A. BAZIN. 8 p. in-4 et 13 gr.. 0 50

Grains (Moyens infaillibles de prévenir la pénurie des) et leur cherté excessive en France; par BRETON, in-8 de 32 pages. 0 50

Grammaire agricole, Cours d'Agriculture professé à l'école de Voreppe (Isère); par A. DURAND-LAINÉ. 1 vol. in-18 de 432 pages. 2 50

Grêle (Moyens d'en combattre les effets), par LATERRADE. Une brochure in-8 de 64 pages. 1 25

Guide pratique du fermier et de la fermière. La routine vaincue par le progrès; par Mme MILLET-ROBINET. 1 vol. in-18 500 p. 3 50

Hanneton. Ses ravages, moyens de le détruire, par Gustave. D. 1 brochure in-8 de 16 pages. . . . . 75 c.

Histoire de l'Agriculture; par CANCALON. 1 vol. in-8 de 474 p. 6 »

Houblon. V. *Bibliothèque du Cultivateur*, p. 5, et *Maison Rustique*, t. II.

Igname de la Chine (Notice sur la pomme de terre et l'); par Frilet. In-8 de 24 pages. 0 50

Igname de Chine et Sorgho sucré; par Vilmorin. 8 p. in-8. 0 25

Industrie agricole (Débouchés de l'). V. *Maison Rustique*, t. IV.

Inondations (Moyens de réparer les ravages des); par Moll professeur d'agriculture au Conservatoire. 10 pages in-4. . . . 0 50

Insectes et animaux nuisibles. Voir *Maison Rustique*, t. I et IV.

Institut agronomique de Versailles. Voir *Annales*, page 5.

Journal d'agriculture pratique. V. p. 29.

Labours. Voir *Maison Rustique*, t. I.

Laiterie. Voir page 21.

Législation des Céréales (Délibérations des sociétés et comices agricoles sur la). 1859, 1 vol. in-8 de 240 p. 2 50

Lettre sur l'Agriculture moderne, par le baron Justus de Liebig. Traduites par le docteur Théodore Swarts. 1 v. in-18 de 244 pag. 3 50

Lois rurales de la France, par Fournel, 2 vol. in-12, renfermant 1108 pages. 3 50

Maïs. Voir *Maison Rustique*, t. I.

Maison Rustique des Dames. Voir page 21.

Maladies des plantes. Voir *Maison Rustique*, t. I.

Maladies des Végétaux (Origine des) et des animaux herbivores, moyens de les prévenir par le drainage; par Alliot. 92 p. in-8. 1 50

Marnage. V. *Amendements*, p. 13. — V. *Maison Rustique*, t. I et III.

Métayage. Voir *Bibliothèque du Cultivateur*, p. 5, et *Maison R.*, t. IV.

Olivier. Voir *Maison Rustique*, t. II.

Œuvres de Jacques Bujault, 3e édition. 1 vol. in-8° de 540 pages et 33 gravures. . . . . 6 »

Œuvres de François Arago (Notice chronologique sur les), par J. A. Barral. 1 vol. in-8 de 264 pages. . . . . . . 5 »

Pâturages. Voir *Maison Rustique*, t. I.

Pavot (Culture du), par Heuzé, 1 vol. in-18 de 44 pages. . . 0 75

Plantation de bordures. Voir *Maison Rustique*, t. II.

Plantes à racines bulbeuses ou tuberculeuses à utiliser comme aliments. Voir *Maison Rustique*, t. I et II.

Plantes aromatiques. Anis, Coriandre, Angélique, Lavande, Œillet, Jasmin, Tubéreuse, Rosier, Oranger. Voir *Maison Rustique*, t. II.

Plantes économiques. Batate, Betterave, Chicorée, Tabac. Voir *Maison Rustique*, t. II, et *Bon Jardinier*.

Plantes fourragères; Graminées, Légumineuses. Voir *Maison Rustique*, t. I, et *Bon Jardinier*.

Plantes fourragères (Traité des); par Henri Lecoq. 2e édition. 1 vol. in-8 de 506 pages et 40 gravures. 7 50

Plantes fourragères; par Heuzé. 3e édition. 1 vol. in-8 de 582 p., avec 42 vignettes sur bois et 20 gravures coloriées. . . . . 10 »

Plantes industrielles; par Heuzé. 2 vol. in-8 de 896 pages, avec les vignettes sur bois et 20 gravures coloriées. . . . . 18 »

Plantes légumineuses. Fèves, Haricots, Pois, Lentilles. Voir *Maison Rustique*, t. I, et *Bon Jardinier*.

Plantes médicinales. Guimauve, Réglisse, Pavot, Rhubarbe, Mélisse Menthe, Sauge, Absinthe, Tamarin, Camomille, Scille, Sureau, Tilleul, Houblon, Moutarde, etc. Voir *Maison Rustique*, t. II.

Plantes nuisibles en agriculture. Voir *Maison Rustique*, t. I.

Plantes potagères. Artichauts, Asperges, Choux, Courges, Potirons. Voir *Maison Rustique*, t. II, et *Bon Jardinier*.

Plantes propres aux usages de sparterie. Stippe, Jonc, Liglé. Massept, Scirp. Voir *Maison Rustique*, t. II, et *Bon Jardinier*.

Plantes textiles. Lin, Chanvre, Cotonnier, Phormium, Orties, Genêt, Agave, Apocin, Mauve, Abutilon, Alcée. Voir *Maison Rustique*, t. II.

Plantes tinctoriales. Garance, Safran, Pastel, Indigotier, Gaude, Tournesol, Carthame, Morelle, Orcanette. Voir *Maison Rustique*, t. II.

Plantes utiles dans divers arts. Chêne, Myrte, Sumac, Roseau. Maclava, etc. Voir *Maison Rustique*, t. II, et *Bon Jardinier*.

Plantes, arbres, arbustes (Manuel général des), page 27.

Plantes et arbres oléagineux. Colza, Choux, Navette, Cameline, Moutarde, Julienne, Pavot oléifère, Radis, Soleil, Sésame, Ricin, Euphorbe, Pistache, Olivier, Noyer, etc. Voir *M. R.*, t. II, et *Bon Jard.*

Plantes et arbres propres à donner des liqueurs vineuses. Pommier, Poirier, Cormier, Sorbier, Cerisier, Prunier, Framboisier, Sureau, Arbousier, Caroubier, Dattier, Bouleau, Érable, Agave, etc. Voir *Maison Rustique*, t. II, et *Bon Jardinier*.

Plantes (Maladies des). Voir *Maison Rustique*, t. I.

Police rurale (Manuel de); par Thiroux. 1 vol. in-32 de 404 pages. . . . . 2 fr.

Pommes de terre. Voir *Maison Rustique*, t. I.

Prairies. Voir *Maison Rustique*, t. I.

Prairies. Voir *Bibliothèque du Cultivateur*, p. 5.

Prairies (Irrigation des). Voir page 16.

Prairies artificielles (Essai sur les) : Luzerne, Trèfle ordinaire, Trèfle printanier, et Sainfoin ou Esparcette; par Machard. In-18. . 1 »

Problèmes agricoles (300), par Lefour. Une brochure in-18 de 36 pages. 0 50

Racines. Navets, Raves, Turneps, Rutabagas, Carottes, Panais, Topinambours. Voir *Maison Rustique*, t. I, et *Bon Jardinier*.

Récoltes. Transport et conservation des fourrages, céréales, racines. — Hottes, Brouettes, Charrettes, Meules, Fenils, Granges, Greniers, Silos, etc. Voir *Maison Rustique*, t. I.

Réunions territoriales, création de chemins d'exploitation. Étude sur le morcellement en Lorraine; par F. P. 48 pages in-8. . . . 0 75

Revue agricole illustrée, guide du Châtelain, par Leroy. 1 vol. in-4 de 148 pages et de 115 gravures. . . . . 5 »

Riz. Voir *Maison Rustique*, t. I, et *Bon Jardinier*.

Silos. — Ensilage. Voir *Maison Rustique*, t. I.

Société d'agriculture d'Alger. Bulletin des travaux de la Société.
Un an, 4 livraisons. . . . . 6 »
Un numéro trimestriel. 1 50

Société d'agriculture de Boulogne-sur-Mer, par Carpentier. 0 40

Sol. Classification, degré de fertilité, façons. Voir *Maison Rustique*, t. I.

Sologne (Agriculture de la); par Ch. Joubert et Isaac Chevalier, cultivateurs. 1 vol. in-8 de 300 pages. . . . . 4 »

Sorgho sucré (Culture du) comme plante industrielle et comme plante fourragère; par H. Leplay. 36 pages in-8. . . . . 1 »

Sorgho sucré et Igname de Chine, par Vilmorin. 8 pages. 0 25

Statistique agricole du Canton de Wissembourg, par Rigaut, juge au tribunal de Wissembourg. 392 pages gr. in-4. . 15 »

Cet ouvrage a été couronné par la Société impériale et centrale d'Agriculture et par l'Académie nationale Agricole de Paris.

Statistique agricole et industrielle de l'arrondissement de Valenciennes, par Bonnier. 1 vol. in-8 de 178 pages. . 3 50

Tabac (Culture du); par Petit-Laffitte. 104 pages in-12. 2 »

Tabacs en Algérie (Question des); par Papier. In-8 de 88 p. 2 »

Table décennale du Correspondant des justices de paix et des tribunaux de simple police, par Bost. 1 vol. in-8, de 184 pages. . . . . 4 »

Taupier (Art du); par Dralet, 16e édition. In-12 de 66 pages. 1 »

Voyage agricole en France, Allemagne, Hongrie, Bohême et Belgique; par le comte de Gourcy. 1 vol. in-12 de 432 pages. 3 50

Voyages en France pendant les années 1787, 1788, 1789, par Arthur Young, traduit par Lesage. 2 vol. in-18. . 7 »

CONSTRUCTIONS — INSTRUMENTS — ARTS AGRICOLES.

Architecte (Le Propriétaire), par VITRY. 2 v. in-4 et 100 gr. 20 »

Arts agricoles. 1 vol. in-4 de 500 pages et 530 gravures. . . 9 »
Forme le IIIe volume de la *Maison Rustique.*

Bergeries, Écuries, Étables, Porcheries, Poulaillers. V. *M. R.*, t. II et IV.

Boissons. Voir page 17. — Voir *Maison Rustique*, t. III.

Boulanger (Art du). Voir *Maison Rustique*, t. III.

Charbon (Fabrication du). Voir *Maison Rustique*, t. III et IV.

Charrue (Manuel de la), par CASANOVA. 1 vol. in-18 de 176 pages et 83 gravures. 1 75

Chemins (Construction, entretien des). Voir *M. R.*, t. I et IV.

Clôtures rurales. Voir *Maison Rustique*, t. I.

Constructions rurales. Voir *Maison Rustique*, t. I et IV.

Constructions rurales (Manuel des); par BONA. 3e édition. 1 vol. in-18 de 296 pages. 3 50

Fécule (Fabrication de la). Voir *Maison Rustique*, t. III.

Ferme de Canisy, par DE KERGORLAY. 24 p. in-4 et 52 grav. 1 »

Huiles d'Olive, de Graines, etc. Voir *Maison Rustique*, t. III.

Instruments aratoires, Bêches, Charrues, Herses, Rouleaux, Semoirs, Brouettes, Charrettes, Extirpateurs, Ratissoires, Houes, Sarcloirs, Buttoirs, Sapes, Faux, etc. Voir *Maison Rustique*, t. I.

Laines (Triage, lavage, conservation des). Voir *M. R.*, t. III.

Machines à battre (La vérité sur les); par DE PLANET. 1 vol. in-18 de 256 pages. 2 »

Machines à battre (Le conducteur de); par DAMEY. 1 vol. in-18 de 108 pages. 1 50

Machines à moissonner. (Rapport du jury sur le Concours de 1859) 64 pages grand in-8, 34 gravures. . . . . 1 »

Machines à moissonner, à battre; Moulins, Pétrins. Voir *M. R.*, t. III.

Meules, Granges, Greniers. Voir *Maison Rustique*, t. I et IV.

Meunier (Art du). Voir *Maison Rustique*, t. III.

Résines et produits résineux. Voir *M. R.*, t. III.

AMENDEMENTS — ENGRAIS — CHIMIE — PHYSIQUE.

Amendements, Chaux, Marne, Plâtre, Cendres. Voir *Maison Rust.*, t. I.

Amendements (Traité des). Marne, Chaux, diverses espèces d'Amendements; par PUVIS. 2e édit. 1 vol. in-12 de 440 pages. . . . 3 50

Cet ouvrage contient le mode d'emploi des Chaux, Phosphates et Hydrochlorates de chaux, Marne, Plâtre, Coquilles, Os moulus, Noir animal, Sel, Cendres Engrais de mer, Tourbe, Argile brûlée, Sels ammoniacaux, Sulfates de soude de fer, etc., etc., l'emploi simultané des Engrais et Amendements, Ecobuage

Amendements calcaires (Emploi et dosage des). 296 p. 2 50

Animaux morts. Moyen de les utiliser. Voir *Maison Rustique*, t. III.

Atmosphère (L'), le sol, les engrais, par BOBIERRE. 1 vol. in-12 de 632 pages. . . . . 5 »

Chaux (La), son emploi en agriculture ; par PIÉRARD, ingénieur en chef des mines. 36 pages in-12. . . . . 0 75

Chimie agricole (Précis élémentaire de) ; par le docteur SACC. 2e édition. 1 vol. in-12 de 454 pages et 3 gravures.. . . . . . . 3 50

Chimie agricole ; par Isidore PIERRE, professeur de chimie à la Faculté de Caen. 4e édition. 1 vol. in-12 de 532 pages et 23 grav.. 4 »

Chimie et Physique horticoles. Voir *Bibl. du Jardinier*, p. 23.

Chimie usuelle appliquée à l'agriculture et à l'industrie ; par STÖCKHARDT, traduite par BRUSTLEIN. 1 volume in-18 de 524 pages et 225 gravures.. . . . . 4 50

Conservation des bois (Leçons sur la), par PAYEN, de l'académie des sciences. Une brochure in-8, de 40 pages. . . . . . 1 »

Coquilles animalisées, leur emploi en agriculture, par BORTIER. 1 »

Engrais liquides. Voir *Drainage. Irrigations. Engrais liquides*, p. 15.

Étude de terres arables; par PETIT-LAFITTE. 1 vol. in-18 de 160 pages. 1 50

Matières fertilisantes ; par HEUZÉ. 4e édition. 1 vol. in-8 de 708 pages. . . . . 9 »

Nitrates (Production des) et leur application en agriculture, par BORTIER. 1 brochure de 16 pages. . . . . » 1

Nouvelle méthode pour la fabrication économique des engrais ; par Pierre JAUFFRET. 1 broch. in-8 de 56 p. et 1 pl. 3 »

Phosphates de chaux (Fabrication et emploi des), en Angleterre, par A. RONNA, ingénieur. 1 vol. in-18 de 162 pages . . . . . 1 »

ABEILLES — MURIERS — SOIE — VERS A SOIE.

Abeilles (Ruche française et Éducation des); par VAREMBEY, président à la cour de Dijon. 192 pages in-8 et 6 gravures. . . . 1 75

Abeilles, Ruches, Miel, Cire. Voir *Maison Rustique*, t. III.

Apiculteur (Guide de l'); par DEBEAUVOYS. 5e édition. 1 vol. in-12 de 310 pages, avec figures. 2 50

Calendrier du Magnanier, travaux du mois. V. *M. R.*, t. V

Cocon (Nouvelles Études sur le), par ROBINET. 84 p. in-8. 1 »

Cocons et Graines d'Italie, par DUSEIGNEUR. 16 pages in-8. 1 »

Magnaneries (Ventilations des), par ROBINET, 1 vol. in-8. . 3

Mûrier (Culture du). Voir *Maison Rustique*, t. II.

Mûrier. Manière de cultiver le Mûrier avec succès dans le centre de la France; par DE CHAVANNES. 1 vol. in-8 de 130 pages. 1 25

Mûrier (Culture du); par BOYER et LABAUME. 150 pages, 3 pl. 3 »

Mûrier (Manuel du cultivateur de); par CHARREL, pépiniériste, commissaire-instructeur à la culture du Mûrier, désigné par la Société d'agriculture de Grenoble. 1 vol. in-8 de 268 pages. . . 1 75

Muscardine; par GUÉRIN-MENNEVILLE. In-8 de 186 pages. . . . 3 »

Société séricicole (Annales de la), pour la propagation et l'amélioration de l'industrie de la soie. Quinze vol. grand in-8 et 15 planches.
La collection complète. . . . . 175 »

Vers à soie (Manuel de l'éducateur de). Histoire naturelle, Magnanerie, Principes généraux, Procédés, Education, Races; par ROBINET. 1 vol. in-8 de 332 pages et 51 gravures. 3 50

Vers à soie (Éducation des). Voir *Maison Rustique*, t. III.

Vers à soie (Maladies et amélioration des races de); par GUÉRIN-MENNEVILLE. 32 pages in-18. . . . . 1 »

Vers à soie (Conseils aux nouveaux éducateurs de); par BOULLENOIS. 2e édit. 1 vol. in-8 de 224 pages et 2 planches. . . 3 50

DRAINAGE — IRRIGATION — ÉTANGS — PISCICULTURE.

Desséchement et assainissement des terres; par THACKERAY. in-8 de 32 pages. . . . . 1 »

Drainage des terres arables; par BARRAL. 2e édition. 2 vol. in-12 formant ensemble 960 pages et contenant 445 grav. et 9 pl. . 7 »

Ouvrage couronné par l'Académie des sciences en 1863, comme étant, avec le journal d'agriculture pratique, celui qui a fait faire les plus grands progrès à l'agriculture française pendant ces dix dernières années.

Drainage (Traité pratique de); par LECLERC, ingénieur, chef du service du Drainage en Belgique. 1 vol. in-12 de 354 p., 127 gr. 3 50

Drainage (Moyen d'obtenir du) tout son effet utile; par NIVIÈRE ancien directeur de l'école de la Saulsaie. In-12 de 36 pages. . . . 0 75

Drainage (Faits de), débit des terres drainées, position des plans d'eau souterrains, par DELACROIX. 84 pages in-18 et 4 gravures. 1 25

Drainage dans les prés et les herbages; par d'ANGLEVILLE. 30 p. in-8. 1 »

Drainage rendu facile, par VIREBENT. 40 p. in-8 et 3 planches. 1 25

Drainage appliqué à l'agriculture des landes, par MARTRES. 70 p. . 1 »

Drainage (Le) et l'Irrigation; par MIDY. 25 pages in-8. . . 0 50

Drainage (Philosophie et Art du), par THACKERAY. 96 p. . 2 50

Drainage (Système de); par BENOIT. in-8, 24 pages et une pl. 1 »

Drainage radié (Le) ou sans tuyaux; par MIDY. 48 pages in-8. . 0 75

Draineur (Guide pratique du); par STÉPHENS, traduit de l'anglais par D'Omalius. 1 vol. in-12 de 296 pages et 88 gravures. . . . 1 75

Eaux pluviales, par BARRAL; avec un rapport d'Arago. 92 p. in-4. 1 75

Hydromètre; par André MICHAUX, de l'Institut. In-4 et 1 planche. 0 75

Inondations (Études expérimentales sur les); par JEANDEL, ancien élève de l'École forestière. 1 vol. in-8 de 146 pages. . . 2 50

Irrigation dans les contrées montagneuses, par SERS. Une brochure in-8, de 24 pages. 0 75

Irrigations, engrais liquides et améliorations foncières permanentes; par BARRAL. 1 v. in-12 de 846 p. et 120 gr. . 7 50

Irrigations. Voir *Maison Rustique*, t. I.

Irrigations. Voir *Drainage, Irrigations, Engrais liquides*, p. 13.

Irrigations. Commentaire de la Loi du 29 avril 1845; par Henri Pellault, docteur en droit In-12 de 374 pages. 3 50

Irrigations (Code des), suivi des rapports de MM. Dalloz et Passy, et de la Législation étrangère; par Bertin, avocat, rédacteur en chef du journal *le Droit*. 1 vol. in-8 de 182 pages. . . . . 3 »

Irrigations en Italie et en Allemagne (Législation des), par Monny de Mornay, chef de la division de l'agriculture au ministère de l'agriculture. 1 vol. in-8 de 166 pages. 5 50

Législation du drainage, des irrigations et autres améliorations foncières permanentes; par Barral. 1 vol. in-12 de 664 pages. . 7 50

Marais (Dessèchement des). Voir *Maison Rustique*, t. I.

Montagnes (Moyens de les reverdir par l'irrigation et de prévenir les inondations); par Lambot-Miraval. 66 pages 2 »

Pisciculture et culture des eaux, par Joigneaux, 1 vol. in-18 de 358 pages et 61 gravures. 3 50

Poissons observés (Diagnose des). Ichthyologie des côtes et de l'intérieur de la France, par Desvaux, 176 pages. 2 50

Poissons. Éducation, Causes de destruction, Engraissement. *M. R.* t. IV

Puits et puisards. Voir *Maison Rustique*, t. I.

Viviers (Construction des). Voir *Maison Rustique*, t. IV.

VIGNE — BOISSONS — DISTILLATION — SUCRE.

Ampélographie universelle, ou Traité des cépages les plus estimés; par le comte ODART. 5e édition. 1 vol. in-8 de 620 pages. . 7 50

Bière (Fabrication de la); par ROHART, ancien brasseur. 2 vol. in-8, avec 120 gravures et projet de brasserie modèle. . . . . . . 15 »

Distillation agricole de la pomme de terre, des topinambours, etc., etc. par le comte DE LEUSSE. 1 vol. in-18 de 154 pages. . . . . 2 »

Distilleries agricoles de Betteraves. Pommes de terre, topinambours, grains (système Leplay). 1 brochure de 54 pages. . 50 c.

Échalas (Plus d'). Échalas, paisseaux et lattes remplacés par des lignes de fil de fer mobiles, par A. MICHAUX, de l'Institut. 18 p. et 1 pl. 0 40

Pourquoi nos vins dégénèrent, par TERREL DES CHÊNES, 1 brochure in-8 de 48 pages. 1

Soufrage de la vigne (Instruction pratique sur le), par de LA VERGNE. 1 vol. in-18 de 82 pages et une planche. 1 50

Vigne (Taille de la) à cordons; vignes et vins étrangers, par LALIMAN, 1 brochure in-8 de 52 pages. 1 25

Vigne (Culture de la) et Vinification, par le Dr JULES GUYOT. 2e édit. 1 vol. in-12 de 400 pages et 30 gravures. 3 50

PRINCIPAUX CHAPITRES

Sols favorables à la vigne.	Vendange, égrappage.
Culture en lignes.	Sucrage des jus.
Taille-pinçage.	Cuvaison, pressurage.
Choix des cépages.	Vins mousseux.

Vigne. Nouveau mode de culture et d'échalassement; par COLLIGNON D'ANCY. 1 vol. in-8 de 200 pages et 3 planches. . . . . 3 »

Vigne (Culture et taille); par le Dr ÉCORCHARD. 76 pages. . . 2 »

Vigne (Culture de la), par Carrière, 1 vol. in-18 de 396 pages et 121 grav. 3 50

Vigne (Perfectionnement de la plantation de la), par JODARD-BUSSY. 1 vol. in-8 de 102 pages et 1 planche. . . . 1 50

Vigne (La), ses produits; par le Dr ARTAUD. 1 vol. in-8 de 364 p. 5 »

Vigneron (Manuel du), par le comte ODART. 3e édition. 1 vol. in-12 de 360 pages.. . . . . 4 50

Vigne (Théorie pour l'amélioration de la culture de la); par GARNIER. 1 vol. in-8 de 192 pages. . . . . 2 fr.

Vin (Confection et conservation du). Voir *M. R.*, t. III.

Vins du Gers, par SEILLAN. 11 pages in-4 et 1 carte. . . . . 1 »

Viticulture dans la Charente-Inférieure, par le docteur GUYOT. 1 volume in-8 de 60 pages. 2 50

Viticulture du sud-ouest de la France, par le docteur GUYOT. 1 vol. in-8 de 248 pages et 89 gravures. 4 50

Viticulture dans l'est de la France, par le docteur GUYOT. 1 vol. in-8 de 204 pages et 46 gravures. 3 50

ANIMAUX DOMESTIQUES — MÉDECINE VÉTÉRINAIRE.

Age des animaux (Connaissance de l'). Voir *Maison R.*, t. II.

Anatomie et Physiologie des animaux. Voir *Maison R.*, t. II.

Ane. Voir *Maison Rustique*, t. II.

Animaux utiles (Acclimatation et Domestication des) par I. GEOFFROY SAINT-HILAIRE, Président de la Société d'Acclimatation, 4e édition. 1 beau vol. in-8, de 534 pages et 47 gravures. . . . 9 »

Animaux domestiques; par BIXIO, BOULEY, RENAULT, YVART. 1 volume in-4 de 568 pages et 330 gravures, tome II de la Maison rustique 9 »

Animaux morts. Voir *Maison Rustique*, t. III.

Basse-Cour et Lapins. Voir *Bibliothèque du Cultivateur*, page 6.

Bétail gras (Le) et les Concours d'Animaux de boucherie; par Eugène GAYOT. 1 vol. in-8 de 204 pages. 3 50

Bêtes bovines. Voir *Bibliothèque du Cultivateur*, p. 5.

Bêtes bovines (Traité des), par WECKHERLIN, directeur de l'Institut agronomique de Hohenheim. 1 vol. in-12 de 560 pages, traduit par SHELER, sur la 3e édition allemande. 3 50

Bêtes Ovines (Traité des), par WECKERLIN. 1 vol. de 386 p. 3 50

CET OUVRAGE CONTIENT :

1. Histoire naturelle du mouton.
2. Etudes des diverses laines.
3. Classification des différentes races de moutons.
4. Multiplication des bêtes ovines.
5. Elevage, Entretien, Nourriture.
6. Emploi du mouton.
7. Choix d'une race, d'après les considérations locales.

Bœuf. Conformation, âge, hygiène, maladies, engraissement, multiplication, races, croisement. Voir *Maison rustique*, t. II.

Bovines (Races). Voir *Bibliothèque du Cultivateur*, p. 5

Buffle. Voir *Maison Rustique*, t. II.

Cheval. Extérieur, Hygiène, Maladies, Age, Multiplication, Races, Croisement, Harnachement, Ferrure. Voir *Maison Rustique*, t. II.

Chevaline (La France); par Eug. GAYOT, ancien directeur des haras. 1re partie, *Institutions hippiques*, contenant l'histoire de l'administration des haras, étalons approuvés et autorisés, étalons départementaux, primes à la production et à l'élève; courses au trot, au galop, steeple-chase. 4 vol. in-8. 26 »

2° partie, *Etudes hippologiques* traitant de toutes les questions de science qui aboutissent à la production et à l'élève des chevaux. Étude physiologique de toutes les races du pays et de leurs transformations. 4 vol. 26 »

Chevaline (De l'Espèce) en France; par le général DE LAMORICIÈRE. 1 vol. in-4 de 312 pages et 3 cartes coloriées. 3 50

Chevaline (émancipation de l'industrie), par JUILLET. 1 brochure in-8 de 48 pages. . . . . 1 fr. 50

Chevaux (Manuel de l'éleveur de) ; par Félix VILLEROY. 2 vol. in-8, avec 121 gravures. (Types des principales races.) . . . . 12 »

Anatomie et physiologie du cheval.
Des races de chevaux.
Des divers emplois du cheval.
Éducation du cheval.
Nourriture des chevaux.
Maladies des chevaux.

Chèvres. Voir *Maison Rustique*, t. II.

Chiens. Voir *Maison Rustique*, t. II.

Chirurgie vétérinaire. Voir *Maison Rustique*, t. II.

Conformation des animaux domestiques. Voir *Maison Rustique*, t. II.

Écuries. Voir page 12.

Hygiène des animaux domestiques. Voir *Maison Rustique*, t. II.

Inoculation du bétail, pour prévenir la péripneumonie; par le docteur DE SAIVE. 100 pages in-8. . . . . 2 50

Lapins (Nouveau Traité pratique de l'éducation des diverses espèces de); par SEGOUIN. 58 pages in-12. . . . . . . 0 50

Lapins. V. *Bibliothèque du Cultivateur*, p. 6.—V. *Maison Rustique*, t. II.

Mouton. Hygiène, Élève, Multiplication, Engraissement, Races, Maladies, Croisement. Voir *Maison Rustique*, t. II.

Médecine vétérinaire. Voir *Maison R.* t. II.

Médecine vétérinaire (Manuel de); par VERHEYEN. 2 vol. de 392 pages. 2 50

Mulet. Voir *Maison Rustique*, t. II.

Oiseaux de basse-cour, Poules, Dindes, Oies, Canards, Pintades, Faisans, Pigeons. Voir *Maison R.*, t. II.— Voir *Bibl. du Cultivateur*, p. 6.

Pharmacie vétérinaire. Voir *M. R.*, t. II.

Porc. Hygiène, Élève, Multiplication, Engraissement, Races, Maladies, Croisement. Voir *Maison Rustique*, t. II.

Poulailler (Le); par Ch. Jacque. 2e édit. 1 vol. in-12 et 120 grav. 3 50

Cet ouvrage est divisé en sept parties : 1° Aménagement, 2° Incubation, élevage et alimentation, 3° Races françaises et étrangères, 4° Croisement, 5° Engraissement, 6° Maladies, 7° Utilisation et commerce des produits.

Poules de Nankin (Essai sur les), par le docteur Sacc. 1 vol. in-8, de 16 pages et 2 gravures coloriées. . . . . 2 »

Races bovines, chevalines, porcines, ovines. Voir *Maison Rustique*, t. II, et *Bibliothèque du Cultivateur*.

Race bovine du Limousin (Amélioration de la), par Daignaud. 1 vol. in-18 de 106 pages. 1 50

Typhus de l'espèce bovine, par Delafond, professeur à l'École vétérinaire d'Alfort. 20 pages in-8 et 5 gravures. 0 75

Vétérinaires (Nécessité d'encourager l'établissement des) dans les campagnes. 56 pages in-18, par Rauch.. . . . . 0 50

Vices rédhibitoires. Voir *Maison Rustique*, t. II.

Zoologie rurale (Notions de), par Petit-Lafitte. 1 vol. in-18 de 188 pages. 1 50

ÉCONOMIE DOMESTIQUE — CUISINE.

Bon domestique, par Mme MILLET-ROBINET. 1 v. in-12 de 200 p. 2 »

Boissons économiques (Fabrication des). Voir *M. R.*, t. III.

Caisse d'épargne et de prévoyance. Lettres à un jeune laboureur; par Louir LECLERC. 3e édit. In-12 de 60 pages. 0 25

Conseils aux Jeunes Femmes, par Mme MILLET-ROBINET. 1 vol. in-18 de 284 pages et 30 gravures. . . . . 3 fr. 50

Cuisinière de la campagne et de la ville (La); par L. E. A. 1 vol. in-12 avec figures. 42e édition. . . . . 3 »

Denrées alimentaires (Traité populaire des) par SQUILLIER. 1 vol. in-18 de 432 pages. 3

Fromages (Fabrication des). Voir *Maison Rustique*, t. III.

Lait et Laiterie. Voir *Maison Rustique*, t. III.

Laiterie, Beurre et Fromage, par F. VILLEROY. 1 vol. in-18 de 390 pages et 59 gravures. 3 50

Cet ouvrage est divisé en cinq parties :

PREMIÈRE PARTIE.
Production du lait, traite des vaches, rendement du lait, composition du lait, altérations et falsifications du lait.

DEUXIÈME PARTIE
Laiterie et ustensiles de laiterie.

TROISIÈME PARTIE
Richesse du lait en beurre, fabrication du beurre, barattes, conservation du beurre.

QUATRIÈME PARTIE
Fabrication du fromage en France et en Angleterre, détails de fabrication, conservation des fromages, fruitières.

CINQUIÈME PARTIE
Commerce du lait, du beurre et des fromages.

Horticulture (Cours élémentaire d'); par BONCENNE. 2e édition. 2 volumes in-18. . . . . 1 50

PREMIÈRE ANNÉE : Organisation des végétaux, culture potagère, culture des fleurs. 1 vol. in-12 de 152 pages et 48 gravures.

DEUXIÈME ANNÉE : Organisation des végétaux ligneux, pépinières, multiplication, plantations, taille des arbres à fruits, culture de la vigne. 1 vol. in-12 de 160 pages et 34 gravures.

Chacun de ces volumes est vendu séparément. 0 75

Viandes (Conservation des), Salaisons, Boucanage. Voir *Maison Rustique*, t. III.

Vie (La) à bon marché; par DELAMARRE, député de la Somme. Le pain, la viande, les transports. 2e édit. 1 vol. in-12 de 708 pages. 3 50

Fromages dits de Géromé (Fabrication des), par M. VACCA, professeur de chimie. Brochure in-8o. 0 50

BOIS — FORÊTS — CHARBON.

Aménagement des forêts (Cours d'); par NANQUETTE, professeur d'économie forestière. 1 vol. in-8 de 336 pages. . . . . 6 »

Arbres forestiers (Conduite et taille des), par le vicomte DE COURVAL 1 brochure in-8 de 110 pages et 15 planches. . . . . . 5 »

Assolements forestiers (Utilité des), par d'ARBOIS DE JUBAINVILLE. Une brochure in-8 de 48 pages. . . . . 2 »

Bois (Exploitation, débit et estimation des); par NANQUETTE, professeur d'économie forestière. 1 vol. in-8 de 420 pag. et 13 pl. 7 50

Bois (Traité général de la culture et de l'exploitation des), par THOMAS. 2 vol. in-8. . . . . 10 »

Bois (Cours élémentaire de culture des); par MM. LORENTZ et PARADE, de l'école impériale de Nancy. 1 vol. in-8 de 700 pages. 4e édition . . . . 8 »

Charrue forestière, travaux de reboisement exécutés dans le Blésois, par DUBOIS. 1 brochure in-8 de 84 pages. . 2 fr.

Chêne de marine (Principes de culture du), par Burger. 1 brochure in-8 de 64 pages. 1 50

Conifères (Traité général des). Description des Espèces et Variétés connues, Synonymie, Culture, Multiplication; par CARRIÈRE, chef des Pépinières au Jardin des Plantes de Paris. 1 vol. in-8 de 672 pag. 10 »

Conifères de pleine terre (86 variétés); par M. P. DE M... Une brochure in-8 de 24 pages. 1 50

Économie forestière (Études sur l'); par Jules CLAVÉ. 1 vol. in-18 de 380 pages. 3 50

Études de Maître Pierre sur l'agriculture et les forêts, par ANTONIN ROUSSET. 1 vol. in-18 de 92 pages. . . . . 1 »

Futaies de chêne (Considérations culturales sur les), par DUBOIS. 1 brochure in-8 de 42 pages. 1 50

Garde forestier (Guide pratique du), par BOUQUET DE LA GRYE. 1 vol in-18 de 270 pages. . . . . 2 »

Osier (Culture de l'), et art du Vannier, par MOITRIER. 60 pages et 4 planches. . . . . 2 »

Pin maritime (Culture du), par ELOI SAMANOS, 1 vol. in-8 de 150 pages et 4 planches. . . . . 3 »

Procédure correctionnelle (Éléments de), à l'usage des agents forestiers, par M. LYON, inspecteur des forêts. Une brochure in-8 de 30 pages. . . . . 1 »

Provence (La) au point de vue du bois, des torrents et des inondations, par DE RIBBE. 1 vol. in-8 de 200 pages. . . . . 3 »

Reboisement de la France (Du); par JOUBERT. In-8. . . 1 50

Reboisement des montagnes de France; par GRANDVAUX, 1 vol. in-8 de 50 pages. 0 75

EXTRAIT DU CATALOGUE DE LA LIBRAIRIE AGRICOLE

AGRICULTURE (Cours d'), par *de Gasparin*. 6 vol. in-8 et 233 gravures.
BON FERMIER (Le), par *Barral*. 1 vol in-12 de 1,448 p. et 200 grav.
BON JARDINIER (Le), almanach horticole, par MM. *Poiteau, Vilmorin, Naudin, Neuman, Pépin*. 1 vol. in-12 de 1,616 pages et 15 gravures.
BOTANIQUE POPULAIRE, par *H. Lecoq*. 1 vol. 432 pages et 215 gravures.
CHEVAUX (Manuel de l'éleveur de), par *Villeroy*. 2 vol. in-8 avec 121 gravures.
DRAINAGE DES TERRES ARABLES, par *Barral*. 2 vol. in-12, [illegible] p., [illegible] gr.
FLORE DES JARDINS ET DES CHAMPS, par *Lemaout* et *Decaisne*. 2 vol. in-8.
JOURNAL D'AGRICULTURE PRATIQUE, sous la direction de M. *Barral*, par MM. *Boussingault, Gasparin, Lavergne, Moll, Payen, Villeroy*, etc. — Une livraison de 64 pages in-4, paraissant les 5 et 20 du mois, avec de nombreuses gravures noires et une gravure coloriée par numéro. — Un an.
LAITERIE, BEURRE ET FROMAGES, par *Villeroy*. 1 vol in-18 de 586 pages et 54 gravures. 3 50
MAISON RUSTIQUE DU 19e SIÈCLE, 5 vol. in-4 et 2,500 gravures. . . . [illegible]
POULAILLER (Le), par *Charles Jacque*. 1 vol. in-12 et 120 gravures. . . . 3 50
REVUE HORTICOLE, publiée sous la direction de M. *Barral*, par MM. *Lecoq, Boncenne, Carrière, Du Breuil, Hardy, Martins, Pépin, Vilmorin*, etc. — Un nº de 24 pages in-4, les 1er et 16 du mois, et 24 gravures coloriées. — Un an.
VIGNE et VINIFICATION, par *J. Guyot*, 2e édit. 432 pages in-12 et 30 gravures. [illegible]

BIBLIOTHÈQUE DU CULTIVATEUR, publiée avec le concours du Ministre de l'Agriculture.

EN VENTE : 26 VOLUMES IN-12, A 1 FR. 25 LE VOLUME, SAVOIR :

AGRICULTEUR COMMENÇANT, par *Scywerz*, traduit par *Villeroy*. 1 vol de 332 pages.
TRAVAUX DES CHAMPS, par *Borie*. 230 pages et 130 gravures.
CULTURE GÉNÉRALE et Instruments aratoires, par *Lefour*. 1 vol. in-18 de 160 pages.
FERMAGE (estimation, plans d'améliorations, bail), par *Gasparin*, 3e édit., 384 p.
SOL ET ENGRAIS, par *Lefour*, 170 pages et 312 gravures.
MÉTAYAGE (contrats, effets, améliorations), par *Gasparin*, 2e édition, 166 pages.
ENGRAIS ET AMENDEMENTS, par *Fouquet*, 2e édition, 274 pages.
FUMIERS DE FERME ET COMPOSTS, par *Fouquet*, 2e édit., 270 pages et 19 gravures.
NOIR ANIMAL, par *Bobière*, 156 pages et 7 gravures.
PLANTES-RACINES, par *Ledocte*. 1 vol. de 230 pages et 24 gravures.
PRAIRIES, par *De Moor*, 212 pages et 77 gravures.
HOUBLON, par *Erath*, traduit de l'allemand par *Nicklès*. 128 pages et 22 gravures.
ANIMAUX DOMESTIQUES, par *Lefour*. 1 vol. in-18 de 162 pages et 57 gravures.
CHEVAL, ANE ET MULET, par *Lefour*. 1 vol. de 162 pages et 300 gravures.
CHEVAL (Achat du), par Gayot. 1 vol de 216 pages et 25 gravures.
RACES BOVINES, par le marquis *de Dampierre*. 2e édition. 192 pages et 28 gravures. 1 25
BÊTES A CORNES, par *Villeroy*, 4e édition, 300 pages et 60 gravures. 1 25
ENGRAISSEMENT DU BŒUF, par *Vial*. 1 vol. in-18 de 180 pages.
BASSE-COUR. — PIGEONS. — LAPINS, par Mme *Millet-Robinet*, 4e éd., 180 p., 36 gr.
POULES ET ŒUFS, par *E. Gayot*. 1 vol. in-18 de 216 pages et 35 gravures.
MÉDECINE VÉTÉRINAIRE (Notions usuelles de), par *Sanson*. 1 vol. de 180 pages.
ECONOMIE DOMESTIQUE, par Mme *Millet-Robinet*, 2e édition, 324 pages et 106 grav.
BIENS-FONDS (Manuel de l'Estimateur de), par *Noirot*, 360 pages.
CONSTRUCTIONS ET MÉCANIQUES AGRICOLES, par *Lefour*, 160 pages et 141 gravures.
COMPTABILITÉ ET GÉOMÉTRIE AGRICOLES, par *Lefour*, 204 pages et 104 gravures.

CHACUN DE CES VOLUMES EST VENDU SÉPARÉMENT, 1 FR. 25 C.

BIBLIOTHÈQUE DU JARDINIER, publiée avec le concours du Ministre de l'Agriculture.

EN VENTE : 11 VOLUMES IN-12 A 1 FR. 25 LE VOLUME, SAVOIR :

ARBRES FRUITIERS (taille et mise à fruit), par *Puvis*, 2e édit., 220 pages.
PÉPINIÈRES, par *Carrière*, 144 pages et 16 gravures.
LÉGUMES ET FRUITS, par *Joigneaux*, 100 pages et 12 grands tableaux.
POTAGER (LE), par *Charles Naudin*, 188 pages et 34 gravures.
ASPERGE (culture naturelle et artificielle), par *Loisel*, 2e édit., 108 pages.
MELON (culture sous cloches, sur buttes et sur couches), par *Loisel*, 3e éd., 1[illegible]
DAHLIA (bouture, taille, multiplication), par *Pirolle*. 148 pages.
PÉLARGONIUM, par *Thibault*, 108 pages et 10 gravures.
PLANTES DE SERRE FROIDE, par *de Puydt*, 158 pages et 15 gravures.
ROSIER. — VIOLETTE. — PENSÉE. — PRIMEVÈRE. — AURICULE. — BALSAMINE. — PÉTUNIA. — PIVOINE, Espèces, Culture, Variétés, par *Marx-Lepelletier*.
CHIMIE ET PHYSIQUE HORTICOLES, par *Dehérain*, 120 pages et 11 gravures.

CHACUN DE CES VOLUMES EST VENDU SÉPARÉMENT, 1 FR. 25 C.

Montereau. — Imprimerie de Léon ZANOTE.

www.ingramcontent.com/pod-product-compliance
Ingram Content Group UK Ltd.
Pitfield, Milton Keynes, MK11 3LW, UK
UKHW020322230726
13925UKWH00002B/565